Uni-Taschenbücher 676

UTB

Eine Arbeitsgemeinschaft der Verlage

Birkhäuser Verlag Basel und Stuttgart
Wilhelm Fink Verlag München
Gustav Fischer Verlag Stuttgart
Francke Verlag München
Paul Haupt Verlag Bern und Stuttgart
Dr. Alfred Hüthig Verlag Heidelberg
Leske Verlag + Budrich GmbH Opladen
J. C. B. Mohr (Paul Siebeck) Tübingen
C. F. Müller Juristischer Verlag – R. v. Decker's Verlag Heidelberg
Quelle & Meyer Heidelberg
Ernst Reinhardt Verlag München und Basel
F. K. Schattauer Verlag Stuttgart–New York
Ferdinand Schöningh Verlag Paderborn
Dr. Dietrich Steinkopff Verlag Darmstadt
Eugen Ulmer Verlag Stuttgart
Vandenhoek & Ruprecht in Göttingen und Zürich
Verlag Dokumentation München-Pullach

Unter Mitarbeit von Dr. *Günter Lippke*, München

Hans Gerhard Maier

Lebensmittelanalytik

Band 3:

Elektrochemische und
Enzymatische Methoden

Mit 23 Abbildungen und 18 Tabellen

Springer-Verlag Berlin Heidelberg GmbH

Prof. Dr. phil. nat. *Hans Gerhard Maier*, geboren 1932 in Heilbronn, studierte Pharmazie an der Universität Freiburg i. Br. (Staatsexamen 1958), Chemie und Lebensmittelchemie an der Universität Frankfurt a. M. (Staatsexamen 1959, Diplom 1965). 1961 Promotion zum Dr. phil. nat. an der Universität Frankfurt a. M. 1961–1963 Industrietätigkeit. 1969 Habilitation für das Fach Lebensmittelchemie an der Universität Frankfurt a. M. 1972 Wissenschaftlicher Rat und Professor an der Universität Münster i. W. (Fachgebiet Lebensmittelchemie). Seit 1974 o. Prof. und Direktor des Instituts für Lebensmittelchemie der Technischen Universität Braunschweig.

CIP-Kurztitelaufnahme der Deutschen Bibliothek

Maier, Hans Gerhard
Lebensmittelanalytik. — Darmstadt : Steinkopff

Bd. 3. Elektrochemische und enzymatische Methoden. — 1977.
(Uni-Taschenbücher; 676)
ISBN 978-3-7985-0478-3   ISBN 978-3-642-72330-8 (eBook)
DOI 10.1007/978-3-642-72330-8

Einbandgestaltung: Alfred Krugmann, Stuttgart

Gebunden bei der Großbuchbinderei Sigloch, Stuttgart

Vorwort

Im dritten Band der Reihe über Methoden der Lebensmittel-analytik sollen die elektrochemischen und enzymatischen Methoden in derselben Art wie in den ersten beiden Bänden abgehandelt werden. Es finden sich normalerweise keine kompletten Arbeits-vorschriften für die Untersuchung der Lebensmittel. Hingegen wird das Prinzip der Methoden kurz theoretisch und vor allem an Hand von – beispielhaft zu verstehenden – Praktikumsversuchen deutlich gemacht. Zusätzlich werden Angaben über die Anwendung dieser Methoden in der Lebensmittelanalytik gemacht.

Für die Erprobung und Ausarbeitung der Versuche sowie für das Lesen der Korrekturen danke ich vor allem Fräulein *Carola Balcke*, die auch die Zeichnungen anfertigte, und Frau *Freda-Carola Thies*, ferner für einzelne Versuche, Frau Dr. *Annegret Leifert*, Frau *Friederike Schmidt*, Fräulein *Helga Wewetzer* und Herrn Dr. *Armin Polster*. Den Herren *Massing, Götte* und *Gail* von der Firma Metrohm danke ich für Literaturhinweise, für weitere Hinweise meinen Kollegen Prof. Dr. *H. Thaler*, Dr. *Kleinau* und *Rohrdanz*.

Der Abschnitt über die enzymatischen Methoden stammt von Herrn Dr. *Günter Lippke*. Dabei konnte er auf die umfangreichen und jahrelangen Erfahrungen der Arbeitsgruppe „Enzymchemie" in der Fachgruppe Lebensmittelchemie und gerichtliche Chemie der GDCh zurückgreifen. Er dankt Frau *Anke Ehm*, Frau *Karin Liederer*, Fräulein *Ingrid Obermeier* und Frau *Traute Schwarck* für die Erprobung der Versuche, Herrn Dr. *Hans-Otto Beutler* für einige wertvolle Anregungen und Hinweise sowie Herrn Priv.-Doz. Dr. *Heinz Trapmann* für sein Entgegenkommen bei der praktischen Erprobung.

Schließlich danken wir beide dem Steinkopff Verlag, vor allem Herrn *Jürgen Steinkopff*, für die stets erfreuliche, harmonische Zusammenarbeit.

Braunschweig, Sommer 1977   *Hans Gerhard Maier*

Inhaltsverzeichnis

1. Elektrochemische Methoden

2. Enzymatische Methoden

IX

1. Elektrochemische Methoden

1.1. Einführung

Prinzip. Für alle hier interessierenden elektrochemischen Methoden gilt, grob abstrahiert, folgendes Grundschema (elektrochemische Zelle, s. Abb. 1): Zwei elektrisch geladene oder sich aufladende Körper (Elektroden, schwarz gezeichnet) sind in Kontakt mit der Analysensubstanz oder -lösung, gegebenenfalls eine der Elektroden mit einer Vergleichssubstanz. Die positiv geladene Elektrode heißt Anode, die negativ geladene Kathode. Über einen elektrischen Leiter sind die Elektroden mit einer Stromquelle und/ oder einem Meßinstrument verbunden.

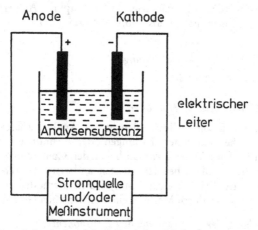

Abb. 1. Grundschema der elektrochemischen Methoden.

Einteilung. Man kann die hier interessierenden Methoden wie folgt einteilen:

1. Elektrometrische Methoden

Am Meßinstrument wird irgendeine Größe gemessen, aus der man Rückschlüsse auf die Beschaffenheit der Analysensubstanz ziehen kann.

1

1.1. Widerstandsmessungen (bzw. Kapazitätsmessungen)

1.1.1. Analysensubstanz ist ein Nichtleiter (Dielektrikum) oder ein schwacher Leiter: *Dielektrometrie* = *Dielektrimetrie* = *DK-Messung.*

1.1.2. Analysensubstanz ist eine Elektrolytlösung: *Leitfähigkeitsmessung* = *Konduktometrie.*

1.2. Spannungsmessungen

1.2.1. Elektroden werden nicht durch Stromquellen geladen: *Potentiometrie.*

1.2.2. Stromquelle bewirkt definierten Stromfluß: *Voltametrie.*

1.3. Strommessung (Messung der Stromstärke)

Stromquelle bewirkt definierte Spannung: *Polarographie. Amperometrie.* Alle Methoden, bei denen Strom-Spannungskurven aufgenommen werden (Voltametrie, Polarographie, Amperometrie) werden zusammenfassend als Voltammetrie (*Voltamperometrie*) bezeichnet.

1.4. Elektrizitätsmengenmessung

Coulometrie (vgl. auch 2.)

2. Elektroanalytische Methoden

Mit Hilfe der Stromquelle werden in der Analysensubstanz (-lösung) chemische Reaktionen, Fällungen oder Trennungen von Stoffen bewirkt. Dies findet zwar auch bei der Coulometrie und, in untergeordnetem Maß, bei den meisten anderen elektrometrischen Methoden statt. Bei den elektroanalytischen Methoden erfolgt die Analyse aber nicht durch Messung einer elektrischen Größe.

2.1. Fällung der zu bestimmenden Komponente:

Elektrogravimetrie (eine elektrolytische Methode). Sie wird in diesem Buch nicht besprochen, weil sie in der Lebensmittelanalytik nur noch selten angewandt wird.

2.2. Trennung von Komponenten: Elektrophorese (eine elektrokinetische Methode).

Vor- und Nachteile. Die allgemeinen Vorteile der elektrochemischen Methoden sind die Schnelligkeit der Ausführung und die Genauigkeit, wenn richtig justiert (geeicht) wurde. Andererseits sind systematische Fehler durch falsche Justierung o. ä. oft nicht so einfach zu erkennen wie bei anderen Analysenverfahren. Die meisten elektrischen Analysenmethoden eignen sich recht gut für die Teil- oder Vollautomatisierung. Im einzelnen kann im Rahmen dieses Buches nicht darauf eingegangen werden. Es soll aber erwähnt werden, daß mehrere Firmen Steuergeräte (z. B. Endpunkt-Titratoren für Potentiometrie, pH-stat-Methode, Coulometrie), Resultatdrucker, Probenwechsler usw. herstellen. In Verbindung hiermit eignen sich Motor-Kolbenbüretten oder Magnetventile zur genauen Dosierung der Reagentien (Maßlösungen). Titrationskurven können, vor allem bei der potentiometrischen, konduktometrischen, amperometrischen, voltametrischen und coulometrischen Titration durch schreibende Titrierautomaten (z. B. Potentiographen, Fa. Metrohm) mit Vorteil aufgezeichnet werden.

Allgemeines über Elektroden. Elektroden sind Einrichtungen, mit denen man Ladungsverschiebungen und Ladungstrennungen, die an Phasengrenzflächen entstehen, feststellen oder aber auch mittels eines aufgezwungenen Stromflusses erzeugen und verändern kann. Beim Eintauchen einer Elektrode in die Analysensubstanz (z. B. Elektrolytlösung) tritt eine Potentialdifferenz auf. Infolge der Anisotropie an der Phasengrenzfläche werden die Solvensmoleküle in dünner Schicht (innere *Helmholtz*fläche) teilweise polarisiert. Auch die (solvatisierten) Ionen werden dahinter an- oder abgereichert (äußere *Helmholtz*fläche). Dies führt, wie bei einem Kondensator, zu einer induzierten Ladung auf der Elektrodenoberfläche. Außerdem bildet sich, je nach Elektrode und Elektrolytlösung in unterschiedlicher Weise, ein Gleichgewicht aus, und zwar vor allem

1. zwischen differenten Elektroden und ihren Ionen, z. B. gehen Silberatome aus einer Silberelektrode in Lösung ($Ag \rightarrow Ag^+ + e$), das Elektron verbleibt auf der Elektrode.

2. Zwischen indifferenten Metallelektroden (Pt, Pd) und Redoxpaaren (z. B. $Cu^+ \rightarrow Cu^{2+} + e$), das Elektron geht auf die Elektrode über.

3. Bezüglich der Ionen bei ionensensitiven Elektroden zwischen Lösung und Elektrodenoberfläche.

Je nach der Zusammensetzung der Elektrode und der Elektrolytlösung und nach der Abhängigkeit der Potentialdifferenz zwischen Elektrode und Elektrolytlösung kann man folgende Arten von Elektroden unterscheiden:

Elektrode erster Art: eine Elektrode aus Metall taucht in eine Elektrolytlösung, die dieses Metall als Ion enthält. Die Potentialdifferenz hängt von der Aktivität dieses Kations in der Lösung ab. Beispiel: $Cu \mid Cu^{2+}$.

Elektrode zweiter Art: Eine Metallelektrode ist mit einer Schicht eines schwerlöslichen Salzes überzogen. Die Potentialdifferenz hängt von der Aktivität des Anions dieses schwerlöslichen Salzes in der Lösung ab. Beispiel: $Ag/AgCl \mid Cl^-$.

Elektrode dritter Art: Die Schicht des schwerlöslichen Salzes enthält noch ein zweites Kation, das mit dem gemeinsamen Anion eine schwerlösliche Verbindung mit einem größeren Löslichkeitsprodukt als die Elektrodenmetallverbindung bildet. Die Potentialdifferenz hängt von der Aktivität dieses zweiten Kations in der Lösung ab. Beispiel: $Ag/Ag_2S/CuS \mid Cu^{2+}$.

Redoxelektrode: Die Elektrode besteht aus inertem Material. Die Lösung enthält kein Ion dieses Materials. Die Potentialdifferenz hängt von der Oxidations- oder Reduktionskraft eines Redoxsystems in der Lösung ab. Beispiel: $Pt \mid Cu^+ + Cu^{2+}$.

Ionensensitive Elektrode: Eine Metallelektrode, die mit verschiedenem Material (Halbleiter, Glas, Ionenaustauscher usw.) umkleidet ist, taucht in eine Lösung, die das zu bestimmende Anion oder Kation enthält. Dieses verteilt sich zwischen der Elektrodenphase und der Lösungsphase. Die Potentialdifferenz hängt selektiv, auch in Gegenwart anderer Ionen, von der Aktivität des zu bestimmenden Ions ab. Beispiel: $Metall/Glas \mid H^+$ (Glaselektrode zur pH-Messung).

Ist der Ladungsdurchtritt durch die Grenzfläche Elektrode/Elektrolytlösung sehr klein (im Idealfall: nicht vorhanden), so spricht man von einer *polarisierbaren Elektrode* (Beispiel: Quecksilbertropfelektrode bei der Polarographie), ist er groß, von einer *unpolarisierbaren* (Beispiel: Ag/AgCl u. a. Bezugselektroden). Von elektrischer *Polarisation* (Überspannung) allgemein spricht man dann, wenn eine Änderung des Elektrodenpotentials durch eine angelegte Spannung erfolgt.

Die *Konzentrationspolarisation* (Reaktions- und Diffusionsüberspannung), die auch bei unpolarisierbaren Elektroden auftritt, beruht auf einem Verarmen oder einer Anreicherung von Ionen in der Nähe der Elektroden, was eine der angelegten Spannung entgegengesetzte EMK zur Folge hat, oder/und auf der Hemmung durch vor- oder nachgelagerte chemische Reaktionen, die mit geringer Geschwindigkeit ablaufen.

Die *chemische Polarisation* (Durchtrittsüberspannung), die die besonderen Eigenschaften polarisierbarer Elektroden bewirkt, beruht darauf, daß beim Stromdurchgang an den Elektrodenoberflächen Stoffe entstehen, die einen weiteren Stromdurchgang verhindern. Auch hier entsteht eine Polarisationsspannung, die der angelegten (der polarisierenden) Spannung entgegengesetzt ist. Erst wenn die angelegte Spannung den Wert der Zersetzungsspannung erreicht, kann Strom fließen.

Allgemeine weiterführende ausgewählte Literatur

(Titel siehe Literaturverzeichnis. Spezialmonographien sind bei den einzelnen Methoden angegeben)
1. Grundlagen. 1.1. Zum Lernen: *Berge* (1974), *Försterling* (1971).
1.2. Zum Nachschlagen: *Brdička* (1971), *Kortüm* (1972).
2. Spezieller: *Jander* (1969) (auch für Elektrogravimetrie), *Kraft* (1972) (für die Endpunktsindikation von Titrationen).
3. Grundlagen und lebensmittelchemische Anwendungen: *Schormüller* (1965), *Strahlmann* (1964).

1.2. Dielektrometrie (DK-Messung, Dielektrimetrie)
(Messung der Dielektrizitätskonstanten)

1.2.1. Prinzip

Tauchen die im Grundschema (S. 1) gezeichneten Elektroden in einen Nichtleiter (Dielektrikum) oder schwachen Leiter (oder befindet sich dieser wenigstens zwischen beiden Elektroden) und legt man mit Hilfe der Stromquelle eine Spannung U an, so laden sich die Elektroden mit einer bestimmten Strommenge Q auf. Sie bilden einen Kondensator mit der Kapazität

$$C = \frac{Q}{U} \quad (\text{Coulomb} \cdot \text{Volt}^{-1} = \text{Farad}).$$

Die Ladung und damit die Kapazität hängen von der Polarisierung des Dielektrikums in unmittelbarer Nähe der Elektroden (Kondensatorplatten) ab. Wird das Dielektrikum (= die Analysensubstanz) polarisiert, so erzeugt es durch Influenz neue entgegengesetzte Ladungen auf den Elektroden. Dadurch wird die Kapazität des Kondensators vergrößert. Die Polarisierung des

Dielektrikums ist klein, wenn es aus unpolaren Molekülen (z. B. Kohlenwasserstoffen) besteht, und dann unabhängig von der Temperatur und der Frequenz eines angelegten Wechselstroms. Es tritt dann nur eine Ladungsverschiebung (Verschiebung von Elektronen) auf. Man nennt dies Verschiebungspolarisation. Die Polarisierung des Dielektrikums ist groß, wenn es aus polaren Molekülen (z. B. Wasser) besteht. Neben der Ladungsverschiebung tritt jetzt auch eine Orientierung permanenter Dipole im elektrischen Feld ein (Orientierungspolarisation). Jetzt ist die Polarisierung und damit die Kapazität abhängig von der Temperatur (da die Dipole der Wärmebewegung unterliegen) und von der Frequenz (da die Dipole eine gewisse Einstellungsgeschwindigkeit besitzen). Als Maß für die Polarisierung des Dielektrikums dient die Dielektrizitätskonstante (DK, ε). In der Praxis mißt man die relative Dielektrizitätskonstante

$$\varepsilon' = \frac{C_M}{C_W}$$

(C_M = Kapazität des gefüllten Kondensators,
C_W = Kapazität des evakuierten Kodensators),
und zwar mit Wechselstrom, um Elektrolyse an den Elektroden zu vermeiden.

Statt Vakuum ($\varepsilon' = 1$) kann man mit geringem Fehler auch Gase ($\varepsilon' = 1{,}0001$ bis $1{,}01$), z. B. Luft nehmen. Die Werte für ε' betragen je nach Polarität bei festen Stoffen 2–5, bei Flüssigkeiten 2–80.

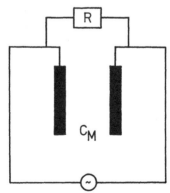

Abb. 2. Ersatzschaltschema für DK-Messungen. R = Widerstand. C_M = Kondensator.

6

Reale Dielektrika isolieren nicht vollständig, lassen also Strom durch. Man kann dies durch das Ersatzschaltschema der Abb. 2 ausdrücken und als „Dielektrischen Verlust") (ε'') messen (DV-Messung). In der Praxis bestimmt man den dielektrischen Verlustfaktor

$$\tan \delta = \frac{\varepsilon''}{\varepsilon'} = \frac{1}{\omega \cdot R \cdot C_M}$$

ω = Kreisfrequenz = $2\pi f$
f = Frequenz des Wechselstroms.

1.2.2. Geräteaufbau

Da sowohl ε' wie ε'' frequenzabhängig sind, muß die Frequenz bei der Messung bekannt sein. Je nach Frequenzbereich können unterschiedliche Meßmethoden angewandt werden (Meßbrücke, Schwingkreis, Konzentrische Leitungen, Hohlraumresonatoren, vgl. *Slevogt* 1965). Für die Lebensmittelanalytik ist nur die Messung mittels eines Schwingkreises (Frequenzen um 10^5–10^8 Hz) von Bedeutung (z. B. Dekameter der Fa. WTW, Weilheim). Ein Schwingkreis (bestehend aus Induktivität und Kapazität, d. h. praktisch Spule mit Eisenkern und Kondensator) schwingt nach einmaliger Aufladung des Kondensators oder Verschiebung des Eisenkerns mit einer bestimmten Eigenfrequenz (elektrische Resonanz). Man kann diese Frequenz

$$\omega = \sqrt{\frac{1}{CL}} \quad (L = \text{Induktivität})$$

nach Einbringen der Substanz in den Kondensator auf verschiedene Weise messen, z. B. indem man durch einen Sinusgenerator einen Meßkreis mit parallel geschaltetem Meß- und Drehkondensator anregt und den Drehkondensator so lange verändert, bis Generator- und Schwingkreisfrequenz übereinstimmen oder indem man die Frequenz durch Verändern eines parallel geschalteten Drehkondensators wieder rückgängig macht (Kompensationsverfahren). Für empfindliche Messungen am meisten verwendet wird aber die Resonanzmethode. Hierbei dient der Schwingkreis als Sender. Man erzeugt in ihm ungedämpfte Schwingungen durch Rückkopplung. Ein ähnlicher Schwingkreis kann als Empfänger dienen, wenn $L_1 C_1 = L_2 C_2$ ist (Index 1 = Senderkreis, Index 2 = Empfängerkreis). Hierzu macht man C_2 veränderlich und meßbar, indem man in den Empfängerkreis einen Meßkondensator einbaut. Man verändert diesen so lange, bis Resonanz eintritt. Diese wird z. B. durch einen Leuchtquarzresonator, einen Ton oder eine *Braunsche Röhre* angezeigt.

Als *Meßzellen* werden meistens Platten- oder Zylinderkondensatoren verwendet, in denen sich zwei getrennte Metallplatten in fixem Abstand einander gegenüberstehen. Die Form des Kondensators richtet sich nach dem Aggregatzustand der Analysensubstanz (andere Meßzellen für flüssige, pastenförmige, pulverige Substanzen), die Leerkapazität nach dem zu erwartenden DK-Bereich. Die Meßzelle muß mit einem Thermostaten umgeben werden. Vor erstmaligem Gebrauch muß sie, z. B. mit Standardflüssigkeiten, geeicht werden. Wegen Einzelheiten des Aufbaus der Zellen vgl. *Slevogt* 1965.

1.2.3. Anwendung in der Lebensmittelanalytik

Die wichtigste Anwendung findet die Dielektrometrie bei der Wasserbestimmung in flüssigen bis pulverförmigen Lebensmitteln. Gut bestimmbar ist das freie Wasser ($\varepsilon' = 80,36$ bei 20 °C) deshalb, weil seine Dielektrizitätskonstante sehr viel größer ist als diejenige anderer Stoffe, die in Lebensmitteln vorkommen. Kristallwasser besitzt ein ε' von nur etwa 5. Gegebenenfalls kann das Verhältnis von freiem zu gebundenem Wasser bestimmt werden. Man bestimmt das Wasser direkt im Lebensmittel oder in Dioxan nach der Extraktionsmethode *(Strahlmann* 1964, S. 357) mit einer Nachweisgrenze von z. B. 1 mg/kg in Kohlenwasserstoffen und 0,3–0,5 % in Methanol. Eine Übersicht gibt *Kohn* (1970). Dort ist auch die Anwendung zur Reinheitskontrolle (Verfälschungen von Fetten) erwähnt. Auch zum Verfolgen der Veränderungen bei der Lagerung von Fetten und von ätherischen Ölen (durch Oxidation werden polare Substanzen gebildet, die ein größeres ε' besitzen) wurde die Dielektrometrie angewandt *(Strahlmann* 1964).

Weiterführende Literatur: Slevogt 1965.

1.2.4. Aufgaben

1.2.4.1. Wasserbestimmung mit Hilfe einer Flüssigkeitsmeßzelle

Erforderlich: Dekameter mit Flüssigkeitsmeßzelle (DK-Bereich 1,8–4,5). Destillationsapparatur mit Ölbad. Flüssigkeitsthermostat. Meßzylinder mit Schliff (100 ml). Pipette (100 ml). Getrocknete Siedesteinchen. Dioxan. Zein. Mischungen von Dioxan mit Wasser 0,5; 1,0; 2,5 und 5,0 g/l. Zubehör zu Aufgabe 1.5.4.

Aufgabe: Der Wassergehalt von handelsüblichem Zein (lufttrocken) soll nach Destillation mit Dioxan bestimmt werden.

Ausführung: Etwa 3 g Zein (genau gewogen) werden im Destillationskolben in 100 ml Dioxan durch Umschwenken verteilt. Dann wird bei einer Temperatur des Ölbads von etwa 120 °C die Flüssigkeit so weitgehend wie möglich überdestilliert, mit Dioxan auf 100 ml aufgefüllt und in die Flüssigkeitsmeßzelle gefüllt, wobei man 3 mal mit dem Destillat ausspült. Man mißt (s. Gebrauchsanweisung des Geräts) in der auf 20 °C temperierten Meßzelle. Mit Hilfe der Dioxan-Wasser-Mischungen wird eine Eichkurve aufgestellt. Hierbei wird den Wassergehalten jeweils der nach *Karl Fischer* (Aufgabe 1.5.4.) im reinen Dioxan ermittelte Wassergehalt addiert.

Der Gehalt im Zein errechnet sich mittels folgender Formel:

$$W = \frac{100\,G - D(200 - V)}{E}$$

W = Wassergehalt des Zeins (g/l)
G = aus der Eichkurve abgelesener Wassergehalt (g/l)
D = Wassergehalt des Dioxans (g/l)
V = Volumen des Destillats vor dem Auffüllen (ml)
E = Einwaage (g)

1.2.4.2. *Wasserbestimmung mit Hilfe einer Pulvermeßzelle*

Erforderlich: Dekameter mit Pulvermeßzelle (DK-Bereich 1–20). Zubehör zu Aufgabe 1.2.4.1. 2 Wägegläschen. Vakuum-Trockenschrank. Exsiccator. Mischung von konz. Schwefelsäure und Wasser (35,8 + 64,2 G/G).

Aufgabe: Der Wassergehalt von handelsüblichem Zein soll mit Hilfe einer Pulvermeßzelle bestimmt werden.

Ausführung: Etwa 4–5 g Zein (je nach Größe der Pulvermeßzelle) werden in einem Wägeglas 3 Tage lang im Vakuumtrockenschrank bei 60 °C getrocknet. Dieselbe Menge wird im Exsiccator 1 Woche lang über dem Schwefelsäure/Wasser-Gemisch (etwa 66 % rel. Luftfeuchte) gelagert. Jede Probe sowie handelsübliches Zein wird entsprechend der Gebrauchsanweisung in die Pulvermeßzelle gefüllt und in definierter Weise angedrückt und verschraubt. Nach den Messungen der DK-Werte wird in jeder der 3 Proben der Wassergehalt nach *Karl Fischer* (vgl. Aufg. 1.5.4.) bestimmt, nachdem das Wasser mit Dioxan entsprechend Aufgabe 1.2.4.1. überdestilliert wurde. Der Wassergehalt des Dioxans ist zu berücksichtigen. Die behandelten Proben dienen als Eichwerte für eine vereinfachte Eichgerade (Skalenteile gegen Wassergehalt). Anhand des *Karl-Fischer*-Werts kann der für die Untersuchungsprobe gefundene Wassergehalt überprüft werden.

Bemerkungen: Für genauere Messungen müssen mehrere Zein-Proben bei unterschiedlichen rel. Feuchten gelagert und für die Eichkurve herangezogen werden (vgl. *Schäfer* 1967). Die Reproduzierbarkeit der Messungen wird in der Reihe *Karl-Fischer*-Methode, Flüssigkeitsmeßzelle, Pulvermeßzelle schlechter. Die Wasserbestimmung mit Hilfe der Flüssigkeitsmeßzelle dauert zwar etwas länger, doch ist die Aufstellung der Eichkurve einfacher. Messungen mit Hilfe der Pulvermeßzelle eignen sich also vor allem für viele Serienbestimmungen, wenn dieselbe Eichkurve benutzt werden kann und wenn es nicht auf höchste Genauigkeit ankommt.

1.3. Konduktometrie
(Messung der elektrischen Leitfähigkeit)

1.3.1. Prinzip

Tauchen 2 Elektroden, die mit Hilfe einer Stromquelle geladen werden, in eine Elektrolytlösung, so fließt ein Strom. In der Lösung (Leiter 2. Klasse) dienen die Ionen (und zwar alle vorhandenen) als Stromträger. Der Widerstand der Elektrolytlösung ist

$$R = \varrho \cdot \frac{l}{F}$$

wobei

ϱ = spezifischer Widerstand ($\Omega \cdot$ cm)
l = Abstand der Elektroden in cm
F = Fläche der (kleineren) Elektrode in cm²
bedeuten.

Annähernd proportional der Konzentration der Ionen c (und ihrer Beweglichkeit v) in sehr verdünnten Lösungen ist die reziproke Größe, die Leitfähigkeit L (auch Leitwert G genannt)

10

$$L = \varkappa \cdot \frac{F}{l} = N_A \cdot e \cdot c \cdot z \cdot v \cdot \frac{F}{l}$$

wobei

$\varkappa$ = spezifische Leitfähigkeit (Ω^{-1} cm^{-1})
N_A = *Avogadro*sche Konstante
e = elektrische Elementarladung
c = Konzentration aller Ionen
z = Ladungszahl der Ionen.

Für L werden statt Ω^{-1} auch die Maßeinheiten Siemens (S) oder mho verwendet. Die Äquivalentleitfähigkeit $\Lambda = \dfrac{1000 \cdot \varkappa \cdot z}{C_{mol}}$ (C_{mol} = Konzentration der Meßlösung in mol/l) wächst mit abnehmender Konzentration (Zunahme der Dissoziation von schwachen Elektrolyten, Zunahme der Beweglichkeit von starken Elektrolyten, letzteres auf Grund der Verminderung des gegenseitigen Einflusses). Da die gebräuchlichen Meßzellen festgelegten Abstand und Querschnitt haben, benützt man zu ihrer Charakterisierung die Zell(en)konstante

$$C = \frac{l}{F} = \frac{\varkappa}{L} \; (cm^{-1})$$

(manchmal auch mit c bezeichnet)
oder die Eichkonstante c (manchmal ebenfalls als Zell(en)konstante K bezeichnet)

$$c = \frac{1}{C}$$

Sie ist aber auch von der Oberfläche der Elektroden abhängig und muß, z. B. nach gründlicher Reinigung, gelegentlich neu bestimmt werden. Dies geschieht normalerweise durch Messung des Leitwerts von KCl-Lösungen bekannter Konzentration und Temperatur. $\varkappa$ wird Tabellenwerken entnommen.

1.3.2. Geräteaufbau

Die Elektroden bestehen normalerweise aus dünnen Platinblechen, die vertikal angebracht sind, damit sich keine störenden Luftblasen festsetzen können. Die Elektroden werden platiniert (mit Platinmohr = Platinschwarz überzogen), um Konzentrationsänderungen in nächster Nähe der Elektrodenflächen und

Polarisationen an den Elektroden klein zu halten. Eine Neuplatinierung kann erfolgen, indem die alte Platinierung mit Königswasser abgelöst, die Elektrode mit dest. Wasser gespült und dann durch eine Elektrolyse einer Lösung von Platinchlorwasserstoffsäure in Gegenwart von Bleiacetat neu belegt wird. Für genaue Messungen benützt man spezielle (elektrolytische) Meßzellen. Sie sind geschlossen (Verhinderung des Zutritts von CO_2 usw.). Bei Verwendung einer Tauchmeßzelle kann sich die Analysenlösung in einem beliebigen Gerät befinden (sofern die Meßzelle eintauchen kann). Auch Durchflußmeßzellen (z. B. nach *Jones*) und Pipettenmeßzellen sind im Handel. Die Zellenkonstante richtet sich nach der zu erwartenden Leitfähigkeit. Für sehr schlecht leitende Flüssigkeiten (destilliertes Wasser) sollte sie größenordnungsmäßig bei 0,1 cm^{-1} liegen, für mäßig leitende Lösungen (Trinkwasser, organische Substanzen) bei 1 cm^{-1}, für gut leitende (Meerwasser, physiologische Lösungen) bei 10 cm^{-1} und für sehr gut leitende Lösungen (Sole, Abwässer) bei 50 cm^{-1} und darüber.

Der Widerstand der Meßzelle wird meistens mit Hilfe einer *Wheatstone*-Brückenschaltung gemessen. Man legt Wechselstrom an, um Elektrolyse- und Polarisationseffekte möglichst zu verhindern. Gute Geräte haben einen Meßbereich von z. B. 1 S bis 10^{-8} S. Sie arbeiten bei höheren Leitfähigkeiten mit höheren Meßfrequenzen (z. B.: schlecht bis mäßig leitende Lösungen 80 Hz, mäßig bis gut leitende 2000 Hz, gut bis sehr gut leitende 20 000 Hz), um Polarisationserscheinungen zu verhindern. Trockene Meßzellen sollen vor dem Gebrauch mit Äthanol (bessere Benetzung!), dann gründlich mit dest. Wasser und anschließend am besten mehrmals mit der Probenlösung gespült werden. Auf die Abwesenheit von Luftblasen an den Elektroden ist zu achten.

1.3.3. Anwendung in der Lebensmittelanalytik

Die wichtigste Anwendung in der Lebensmittelchemie findet die Konduktometrie bei der Bestimmung des Aschengehalts von Zuckerprodukten (Reinheitsprüfung). Man kann den Aschengehalt nach der Beziehung

A = K · $\varkappa$ ermitteln, wobei

A = Aschengehalt (Gew. %)

K = Konstante, die empirisch durch eine konventionelle Veraschungsmethode zu ermitteln ist

$\varkappa$ = spezif. Leitfähigkeit

bedeuten (vgl. *Strahlmann* 1964). Es sind Spezial-Konduktometer für diese Aschenbestimmung im Handel.

Sehr gut kann auch die Konduktometrie neben anderen Methoden zur Prüfung der Reinheit von destilliertem oder entionisiertem Wasser (Band 2, S. 92), der Identität von Trink- oder Mineralwasser und zur Überwachung von Abwasser herangezogen werden. Die Wässerung von Milch kann damit erkannt werden, sofern die Milch noch frisch ist (vgl. *Strahlmann* 1964). Spezielle Anwendung finden Leitfähigkeitsmessungen bei der Bestimmung von freien Fettsäuren zur Ermittlung der Oxidationsstabilität von Fetten (*Hadorn* 1974). Auch zur Charakterisierung von Fettsäuren, Pflanzenölen und Aromen können sie herangezogen werden (*Strahlmann* 1964, S. 332). Zur Anwendung als Endpunktsindikation bei Titrationen vgl. Aufgabe 1.3.4.4.

Weiterführende Literatur: Slevogt (1965), *Strahlmann* (1964).

1.3.4. Aufgaben

1.3.4.1. Abhängigkeit der Leitfähigkeit von der Konzentration. Bestimmung der Zellkonstanten

Erforderlich: Konduktometer. Leitfähigkeitsmeßzelle für mäßig leitende Lösungen, organische Substanzen (Zellkonstante sollte möglichst ca. 1 cm^{-1} betragen). Thermostat. Mehrere Bechergläser 250 ml hohe Form. Lösungen von Kaliumchlorid p.a. in Wasser (0,0001 m, 0,001 m, 0,005 m, 0,01 m, 0,1 m und 1 m). Entmineralisiertes Wasser. Äthanol (90–96 %). Millimeterpapier.

Aufgabe: Die Abhängigkeit der Leitfähigkeit von KCl-Lösungen im Bereich 0,0001 bis 1 molarer Lösungen ist graphisch darzustellen. Aus den erhaltenen Leitwerten soll jeweils die Zellkonstante berechnet werden.

Ausführung. Das Konduktometer wird an einem erschütterungsfreien Ort aufgestellt. Es soll vor korrosiver Atmosphäre und vor Chemikalienspritzern geschützt sein. Entsprechend der Gebrauchsanweisung wird es mit dem Stromnetz verbunden. Trockene Meßzellen werden 1–2 Stunden lang mit Äthanol behandelt, damit später eine bessere Benetzung stattfinden kann. Bei Tauchmeßzellen taucht man die an einem Stativ befestigte Meßzelle in das Äthanol, das sich in einem Becherglas befindet. Meßgefäße, auch Durchflußmeßzellen, werden mit Äthanol gefüllt. Anschließend spült man die Zellen (durch Eintauchen bzw. Einfüllen) gründlich

13

mit entmineralisiertem Wasser und dann mehrmals mit der 0,0001 molaren KCl-Lösung. Bei Meßzellen, die in Wasser aufbewahrt worden waren, genügt der letzte Arbeitsschritt zur Vorbereitung. Die Messung erfolgt bei 18 °C, abweichend von der sonst üblichen Temperatur von 20 °C. Die Zelle wird mit dem Meßgerät verbunden. Sie taucht in 0,0001 molare KCl-Lösung von 18 °C bzw. ist damit gefüllt. Entsprechend der Gebrauchsanweisung wird das Gerät eingeschaltet und der Meßwert (L) ermittelt. Dasselbe erfolgt mit den anderen KCl-Lösungen, wobei man mit der am stärksten verdünnten beginnt und die Meßzelle gründlich damit ausspült. Wie grundsätzlich bei allen Arbeiten mit den Zellen darf die Platinierung der Elektroden nicht berührt oder beschädigt werden (andernfalls ist die Bestimmung der Zellkonstante zu wiederholen). Soll die Meßzelle hinterher bald wieder verwendet werden, wird sie in destilliertem bzw. entmineralisiertem Wasser aufbewahrt oder damit gefüllt. Andernfalls läßt man sie, nach gründlichem Spülen mit Wasser, trocknen. Vor erneuter Inbetriebnahme wird dann wie oben beschrieben mit Äthanol usw. gespült. Die erhaltenen Leitwerte werden gegen die Konzentrationen graphisch aufgetragen. Die Zellkonstanten werden nach

$$C = \frac{\varkappa}{L} \ (cm^{-1})$$

berechnet. Man setzt folgende gerundete Werte für $\varkappa$ (*Schulze* 1961) entsprechend der oben angegebenen Reihenfolge für die verschiedenen Konzentrationen, beginnend mit der 0,0001-molaren Lösung, ein: 0,0000129; 0,000127; 0,000622; 0,00122; 0,0112; 0,0983.

Ergebnis: Der Leitwert steigt mit steigender Konzentration an, aber nur in einem begrenzten Bereich linear. In diesem Bereich ist die Zellkonstante praktisch konstant. Dies ist die exakte Zellkonstante und der optimale Meßbereich (bei einer Tauchmeßzelle mit Zellkonstante von ca. 1 cm^{-1} z. B. im Bereich der 0,001 m bis 0,01 m Lösungen). Wenn der optimale Meßbereich im Bereich größerer (kleinerer) Konzentrationen liegt, hat die exakte Zellkonstante einen größeren (kleineren) Wert.

1.3.4.2. Einfluß der Temperatur. Prüfung von Zucker auf Reinheit

Erforderlich: Geräte wie bei Aufgabe 1.3.4.1. 5%ige Lösung von gewöhnlichem Haushaltszucker in entmineralisiertem Wasser.

Aufgabe: Der Zucker soll auf Reinheit geprüft werden. Hierzu ist zunächst die spezifische Leitfähigkeit zu ermitteln und sodann auf Ascheprozente umzurechnen. In einem weiteren Versuch soll die Abhängigkeit der spezifischen Leitfähigkeit von der Temperatur gezeigt werden.

Ausführung: Die Zuckerlösung wird im Thermostaten auf 20 °C temperiert. Nach sorgfältigem Spülen der Meßzelle mit der Meßlösung (vgl. Aufg. 1.3.4.1.) wird im 250-ml-Becherglas zunächst die spezifische Leitfähigkeit $\varkappa = L \cdot C$ bei 20 °C (übliche Meßtemperatur) bestimmt (Gebrauchsanleitung des Konduktometers beachten!).

Dann wird die Lösung auf 10 °C abgekühlt, die Meßkette gut gespült und wiederum die spezifische Leitfähigkeit ermittelt. In gleicher Weise verfährt man bei 30 °C und 40 °C.

Auswertung: Die bei 20 °C gemessene spezifische Leitfähigkeit wird mit dem sogenannten „C-Faktor" (C = 1786) multipliziert. Man erhält so die Ascheprozente (*Schneider* 1967). Beträgt z. B. die spezifische Leitfähigkeit 0,000405, dann entspricht dies 0,722 % (löslicher) Asche. Bei 5%igen Zuckerlösungen beträgt die Temperaturkorrektur 2,2 % je Grad Temperaturabweichung von 20 °C, und zwar wird sie bei Temperaturen unter 20 °C zugezählt, bei Temperaturen über 20 °C abgezogen. Diese Korrektur kann versuchshalber bei den Werten des Zusatzversuches vorgenommen werden. Wenn die Temperatur zu sehr von 20 °C abweicht, dann liefert diese Korrektur jedoch ungenaue Werte (z. B. für 40 °C).

Ergebnis: Die spezifische Leitfähigkeit ist stark temperaturabhängig, wobei mit steigender Temperatur ein Anstieg festzustellen ist, da die Beweglichkeit der Ionen zunimmt. $\varkappa$ liegt bei diesem Versuch zwischen 6,3 und 11,4. Man sieht daraus, daß bei Leitfähigkeitsmessungen eine Temperierung erfolgen muß.

1.3.4.3. Einfluß eines Fremdelektrolyten und eines Nichtelektrolyten

Erforderlich: Geräte und Reagentien wie bei Versuch 1.3.4.2. Lösung von 5 % Saccharose (Haushaltszucker) in Wasser. Lösung von 5 % Saccharose und 1,5 % Calciumchlorid in Wasser. Lösung von 5 % Saccharose, 1,5 % Calciumchlorid und 30 % Äthanol in Wasser.

Aufgabe: Der Einfluß von $CaCl_2$ als Fremdelektrolyt und von

Äthanol als Nichtelektrolyt auf die spezifische Leitfähigkeit einer Zuckerlösung ist zu ermitteln.

Ausführung: Von den drei Lösungen werden, wie in Aufgabe 1.3.4.2. beschrieben, die spezifischen Leitfähigkeiten bei 20 °C bestimmt.

Ergebnis: $CaCl_2$ als Elektrolyt erhöht die Leitfähigkeit (z. B. von etwa 7.10^{-6} S cm^{-1} auf 16.10^{-3} S cm^{-1}), in Gegenwart von Äthanol sinkt sie auf etwa die Hälfte (z. B. auf 7.10^{-3} S cm^{-1}).

1.3.4.4. Leitfähigkeitstitration (Konduktometrische Titration)

Erforderlich: Geräte wie bei Aufgabe 1.3.4.1. Außerdem: Magnetrührer. Mehrere Bechergläser 50 ml und 100 ml, hohe Form. Pipette 45 ml. Bürette 50 ml. 0,1 n-NaOH, 0,5 n-HCl, 0,1 n-HCl.

Aufgabe: Es ist eine Titration von 0,1 n-NaOH mit HCl konduktometrisch zu verfolgen. Gegebenenfalls sind Korrekturen für den Volumenfehler zu machen.

Ausführung: 45 ml 0,1 n-NaOH werden in ein auf dem Magnetrührer befindliches Becherglas gegeben. Man mißt die Leitfähigkeit (falls die Elektrode zu Anfang nicht bedeckt ist, beginnt man in einem kleineren Becherglas und füllt während der Titration in ein größeres um). Dann gibt man unter ständigem Rühren jeweils 1 ml 0,1 n-Säure zu (Tropfen von der Bürette nicht abspritzen!) und liest jedesmal den dazugehörigen Leitwert ab, bis die Leitfähigkeit wieder ansteigt. Sodann gibt man noch einige weitere ml Säure zu. Während der gesamten Titration ist die Temperatur der Meßlösung konstant zu halten. Die Leitfähigkeiten werden in Abhängigkeit vom Säurezusatz in ein Koordinatensystem eingetragen. Ähnlich verfährt man mit der 0,5 n-Säure, wobei jeweils nach Zusatz von 0,5 ml abgelesen wird.

Ergebnis: Man erhält jeweils eine zur Volumen-Achse (Abszisse) konvexe Kurve, die bei Verwendung der 0,5 n-Säure, vor allem in der Nähe des Äquivalenzpunkts, praktisch aus 2 geraden Teilen besteht und spitz zuläuft (Kurve I, Abbildung 3). In jedem Fall findet man den Äquivalenzpunkt durch Verlängerungen der geraden Teile der beiden Äste und Fällen des Lots vom Schnittpunkt der Verlängerungen auf die Volumen-Achse. Bei Titration mit 0,1 n-Säure ist dies schwieriger, denn die Äste sind stärker ge-

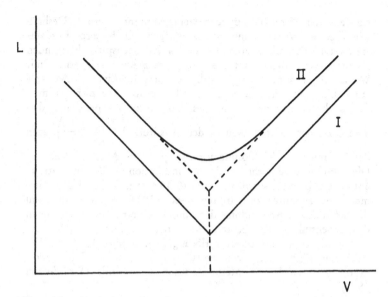

Abb. 3. Titrationskurven bei der konduktometrischen Titration von NaOH mit HCl. V = zugesetztes Volumen, L = Leitfähigkeit. I, II: vgl. Text.

krümmt und der Übergang vom einen zum andern abgerundet (Kurve II).

Bemerkungen: Titriert man eine Analysenlösung, in der sich eine konduktometrische Meßzelle befindet, so beobachtet man im Äquivalenzpunkt eine sprunghafte Änderung der Leitfähigkeit, wenn sich die Menge oder die Beweglichkeit der Ionen ändert (wenn schnelle Ionen durch langsame ersetzt werden oder umgekehrt). Im vorliegenden Fall wird zunächst das beweglichere OH-Ion durch das weniger bewegliche Cl-Ion ersetzt, vom Äquivalenzpunkt ab erhöht sich die Gesamtzahl der Ionen (wobei das sehr bewegliche H_3O^+-Ion zugesetzt wird, weswegen der Anstieg etwas steiler ist als der Abfall). Die konduktometrische Titration bewährt sich vor allem bei Titrationen, für die kein geeigneter Indikator zur Verfügung steht oder bei farbigen und trüben Lösungen. Der Nachteil besteht vor allem darin, daß möglichst wenig Fremdelektrolyt zugegen sein darf, weil sonst die Änderungen der Leitfähigkeit zu gering werden. Auch soll die Lösung

17

während der Titration möglichst wenig verdünnt werden. Deshalb wird bei der Verwendung von 0,5 n-Säure ein besseres Ergebnis erzielt und deshalb dürfen die an der Bürettenspitze hängenden Tropfen nicht abgespritzt werden (Zusatzversuch: jedesmal mit Wasser abspritzen. Es ergibt sich ein unregelmäßiger Kurvenverlauf). Läßt sich eine zu weit gehende Verdünnung nicht vermeiden, so kann man versuchen, dies dadurch zu kompensieren, daß man statt der Leitfähigkeit L den Ausdruck $L \cdot \left(V - \dfrac{v}{V}\right)$ gegen das Volumen der Maßlösung v aufträgt (V = Anfangsvolumen). Die konduktometrische Endpunktsindikation kann in Titrierautomaten benutzt werden (*Asworth* 1975), z. B. bei der Bestimmung der α-Säuren im Hopfen (*Sauer* 1973). Diese stellt wohl die bekannteste Anwendung der konduktometrischen Titration in der Lebensmittelanalytik dar. Man titriert einen Toluol- oder Methanolextrakt mit Bleiacetatlösung (*Strahlmann* 1964, S. 333). Auch zur Bestimmung von Fettsäuren, Alkaloiden, Thioglykolsäure u. a. wurde die Methode schon angewandt (*Strahlmann* 1964).

1.4. Potentiometrie

1.4.1. Prinzip

Taucht man eine Elektrode in irgendeine Lösung, so tritt, wie im Abschnitt 1.1 bereits ausgeführt, infolge von Polarisation oder infolge chemischer Umsetzungen eine Potentialdifferenz zwischen dem Inneren der Elektrode und dem Inneren der Lösung auf: die Elektrode wird mehr oder weniger stark aufgeladen. Dies soll in der Potentiometrie gemessen werden. Da man das Potential einer einzelnen Elektrode schlecht messen kann, erfolgt die Messung im Prinzip nach dem in der Abbildung 1 gezeigten allgemeinen Schema. Eine Elektrode dient als Meßelektrode, die andere als Bezugselektrode (Vergleichselektrode). Man mißt die Potentialdifferenz zwischen diesen. Sie wird im folgenden manchmal der Einfachheit halber als „Potential" bezeichnet. Bei reversiblen Elektrodenreaktionen gilt für sie die *Nernst*sche Gleichung:

$$E = E_0 + \frac{RT}{zF} \ln \frac{a_{ox}}{a_{red}} \qquad [1]$$

E = Gleichgewichtszellspannung
E_0 = Normalpotential (bei a = 1)

R = allgemeine Gaskonstante
T = absolute Temperatur
z = Ladungszahl des Ions (oft mit n bezeichnet)
F = Faraday-Konstante
a_{ox}, (a_{red}) = Aktivität der oxidierten (reduzierten) Form eines
Redoxsystems

Findet, wie bei den ionensensitiven Elektroden, keine Redoxreaktion statt, so vereinfacht sich [1] zu

$$E = E_0 + \frac{RT}{zF} \ln a_i \qquad [2]$$

a_i = Aktivität des zu bestimmenden Ions. Für diese gilt:
$a_i = f \cdot c_i$
f = Aktivitätskoeffizient (oft mit γ bezeichnet)
c_i = Konzentration des zu bestimmenden Ions

Die Aktivitätskoeffizienten können nach der *Debye-Hückel*-Theorie berechnet, Tabellenwerken entnommen oder mit ionensensitiven Elektroden gemessen werden. Ihre Zahlenwerte liegen in stark verdünnten Lösungen nahe bei 1.

1.4.2. Geräteaufbau

Als Meßinstrument dient ein Voltmeter, das einen hohen Eingangswiderstand besitzen soll (10^7 bis $10^{12}\,\Omega$, letzter Wert vor allem bei Glaselektroden). Eigentlich sollte gar kein Strom fließen, weil dann die gemessene Klemmenspannung (elektromotorische Kraft, EMK) kleiner wird. Um möglichst stromlos zu messen, benützt man die *Poggendorf*sche Kompensationsmethode (vgl. Lehrbücher der Physik). Bei automatisch arbeitenden Geräten kann dann entweder der Zeigerausschlag am Galvanometer eine Verschiebung des Schleifkontakts bewirken oder ein Spiegelgalvanometer Licht auf eine Photozelle werfen. Der Photostrom kompensiert dann die Restspannung der Meßzelle. Man kann auch die Differenzspannung durch Zerhacken in Wechselstrom verwandeln, verstärken und damit einen Motor betreiben, der den Schleifkontakt verschiebt. Für empfindliche Messungen (Ionen außer H^+ mit ionensensitiven Elektroden) ist ein einfaches Meßgerät ungeeignet, weil dabei ein Stromfluß auftritt und die Elektroden entladen werden können. Hier ist auch die *Poggendorf*sche Kompensationsmethode in einfacher Form ungeeignet, weil der Strom·

19

fluß in nicht abgeglichenem Zustand stört und oft in abgeglichenem ein zwar geringer, aber doch zu großer Stromfluß auftritt. Die Voraussetzungen für die Eignung von Geräten beschreibt *Cammann* (1973).

Für die Meßpraxis ist zu beachten, daß die Steckkontakte nicht korrodiert oder feucht sein sollen (sonst treten Störpotentiale auf), daß elektrische Kabel abgeschirmt und vibrationsfrei sein sollen und ihre Anschlüsse stabil, und daß in unmittelbarer Nachbarschaft der Elektroden und Elektrodenkabel sich keine stromführenden Netzkabel befinden sollen (Transformatorprinzip).

Ungünstig und störend ist die Durchmischung von Analysenlösung und zur Bezugselektrode gehörender Lösung. Man zerlegt deshalb die in der Abbildung 1 gezeigte galvanische Kette in 2 *Halbzellen* (Abb. 4) und verbindet diese mit einer *Salzbrücke* (Stromschlüssel). Diese Anordnung nennt man Meßkette mit Überführung. Eine Salzbrücke bewährt sich besser als z. B. eine semipermeable Membran, die man aber prinzipiell auch in der Mitte des Gefäßes der Abbildung 1 einbauen könnte. Die beiden Halbzellen werden oft zusammengebaut (kombinierte Elektrode, Einstabmeßkette, Beispiel: Glaselektrode, Abb. 5).

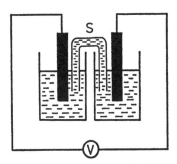

Abb. 4. Schema der Potentiometrie. S = Salzbrücke, V = Voltmeter.

Die Salzbrücke besteht in der Praxis nicht aus einem dicken Rohr, in dem schließlich doch relativ schnell eine Mischung der beiden Lösungen erfolgen würde, sondern aus einer Kapillare, einer porösen Tonscheibe, einem Glassinterkörper oder in Spezialfällen aus Cellulosemembranen (günstig, wenn Proteine ausfallen können) oder einer durch Polymere (Agar) stabilisierten freien Diffusionszone. Nachteilig ist die Diffusionsspannung, die durch

20

unterschiedlich schnelle Diffusion verschiedenartiger Ionen in der Salzbrücke auftritt. Da sie nicht ganz vermieden werden kann, sollte sie konstant sein, wenigstens während der Eichung und der Messung.

Als *Stromschlüssel-Elektrolyt* wird oft KCl-Lösung verwendet. Ihre Vorteile sind die Neutralität und die etwa gleich große Beweglichkeit von Anion und Kation. Deshalb sind die Diffusionsspannungen relativ niedrig. Der Nachteil einer gesättigten Lösung ist, daß auskristallisiertes KCl den Stromfluß behindern und zu unreproduzierbaren Messungen Anlaß geben kann. Deshalb wird oft eine 1–3 molare Lösung empfohlen (ältere kombinierte Glaselektroden für die pH-Messung enthielten meistens gesättigte KCl-Lösung, neuere enthalten eine 3 molare Lösung).

Für die *formale Schreibweise* elektrochemischer Zellen gelten folgende Regeln: Links schreibt man die Symbole für die Bezugselektrode an, unterteilt durch senkrechte Striche. Beispiel: Normal-Wasserstoffelektrode: $(Pt)H_2(p = 1 \text{ atm})$ | $H^+(a_{H^+} = 1)$. Handelt es sich um eine elektrochemische Zelle, so folgt nach einem Strichpunkt das andere interessierende Ion der Lösung und die Meßelektrode, handelt es sich um eine Kette mit Überführung (2 Halb-Zellen mit Stromschlüssel dazwischen), so steht der Stromschlüsselelektrolyt zwischen Doppelstrichen. Beispiel: Normal-Wasserstoffelektrode / 3 m-KCl-Lösung / Kupferlösung unbekannter Aktivität / Kupferelektrode:

$$(Pt)H_2(p = 1 \text{ atm}) \mid H^+(a_{H^+} = 1) \parallel 3 \text{ m} - KCl \parallel Cu^{2+}(a_{Cu} = x) \mid Cu.$$

Als primäre *Bezugselektrode* dient die Wasserstoffelektrode. Wasserstoffgas umspült eine Pt-Elektrode, die mit katalytisch aktivem Platinschwarz überzogen ist, in einer Lösung von pH = 0. Die Gleichgewichtsgalvanispannung ist definitionsgemäß bei allen Temperaturen gleich null. Sie ist sehr konstant und gut reproduzierbar. Die Wasserstoffelektrode wird deshalb vor allem für sehr genaue Messungen verwendet. Da sie aber relativ umständlich zu handhaben ist, findet sie in der Lebensmittelanalytik nur selten Anwendung.

Als sekundäre Bezugselektroden verwendet man am häufigsten:

1. die Silberchlorid-Elektrode: Ag/AgCl | KCl (0,1 – 3 molar). Das Silberchlorid umkleidet einen Silberdraht. Um seine Auflösung, z. B. bei Temperaturerhöhung, zu verhindern, soll die Lösung etwas AgCl als Bodenkörper enthalten. Das Potential (gegenüber der Wasserstoffelektrode) beträgt bei + 25 °C und

1 m-KCl-Lösung + 235 mV. Es hängt von der Temperatur und der Aktivität der Cl⁻-Ionen ab.

2. die Kalomel-Elektrode: (Pt)Hg/Hg$_2$Cl$_2$ | KCl (1–3 m). Potential (1 m-KCl): + 280 mV. Nachteil: über 75 °C nicht verwendbar, da große Temperaturhysterese (nach Abkühlen nicht wieder dieselbe Gleichgewichts-Galvanispannung, die sowieso weniger konstant ist als diejenige der AgCl-Elektrode).

Als *Meßelektroden* verwendet man außer Metallelektroden *ionensensitive (ionenselektive) Elektroden*. Man kann diese je nach dem ionensensitiven Material wie folgt einteilen:

1. Festkörpermembran-Elektroden
1.1. Glasmembran-Elektroden
1.2. Kristallmembran-Elektroden
1.3. homogene Niederschlagsmembran-Elektroden
1.4. heterogene Niederschlagsmembran-Elektroden
2. Flüssigmembran-Elektroden (Ionenaustauscher-Elektroden)

Glaselektrode zur pH-Messung: Der Aufbau einer Meßkette unter Verwendung einer Glaselektrode kann folgendermaßen beschrieben werden: äußere Bezugselektrode (z. B. Ag/AgCl | 3 m-KCl) ‖ 3 m-KCl ‖ Analysenlösung | Glasmembran | Innenpuffer (Pufferlösung pH = 7) | innere Bezugselektrode = Ableitelektrode (z. B. Ag/AgCl).

Den Aufbau einer Einstab-Meßkette, wie sie am meisten verwendet wird, zeigt schematisch die Abbildung 5. Das untere Kölbchen (die Glasmembran, das eigentliche Elektrodenmaterial) besteht aus einer leicht hydratisierbaren Glassorte und ist etwa 0,1 bis 0,01 mm dick. Bekannt ist z. B. das MacInnes-Glas (72 % SiO$_2$, 6 % CaO, 22 % Na$_2$O), das aber bei höherem pH einen „Alkalifehler" durch Aufnahme von Alkaliionen besitzt (vgl. Aufg. 1.4.4.1.2.). Für Messungen in halbfesten Proben (z. B. Käse) gibt es spezielle „Einstichelektroden", für Oberflächenmessungen (z. B. auf Papier) „Flachmembranelektroden".

Beim Eintauchen in Wasser oder in eine wäßrige Lösung quillt die äußere Schicht des Glases, je nach Glassorte 1 bis 100 nm tief. Es entsteht ein Gel, aus dem Na⁺-Ionen gegen H⁺-Ionen aus der Lösung ausgetauscht werden können. Dies führt (Ionenaustauschtheorie) zu einem bestimmten Grenzflächenpotential. Wahrscheinlich wird aber außerdem ein Diffusionspotential aufgebaut, denn H⁺-Ionen können durch die Membran wandern. Jedenfalls stellt sich eine Potentialdifferenz zwischen Innen- und Außenwand der

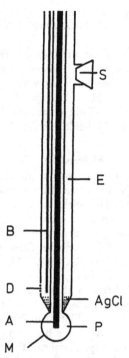

Abb. 5. Kombinierte Glaselektrode (Schema). A = Innere Ableitelektrode, B = Bezugselektrode (z. B. Silberdraht), D = Diaphragma, E = Bezugselektroden-Elektrolyt (KCl-Lösung), M = Glasmembran, P = Innenpuffer, S = KCl-Einfüllstutzen.

Glasmembran ein, die über die beiden Elektroden gemessen wird. Diese Potentialdifferenz bestimmt praktisch ausschließlich die Gleichgewichtszellspannung der gesamten Zelle, wenn sowohl die Ableitelektrode A als auch die Bezugselektrode B von gleicher Art sind, also z. B. Ag/AgCl | 3 m-KCl (und wenn dann z. B. der Innenpuffer 3 molar an KCl ist oder ein extra Gefäß mit Diaphragma um A angebracht ist), und wenn die Diffusionspotentiale vernachlässigt werden können. Die Potentialdifferenz zwischen Meßlösung und Innenpuffer ist dann ein Maß für den Unterschied der pH-Werte (= $-\log a_{H^+}$-Werte, vgl. Gleichung 2, Abschnitt 1.4.1.) von Analysenlösung und Innenpuffer. Theoretisch gilt (vgl. *Berndt* 1965, *Försterling/Kuhn* 1971):

$$E = \frac{2{,}303 \, RT}{F} \cdot (pH \, \text{Meßlösung} - pH \, \text{Innenpuffer}) \qquad [3]$$

Daraus folgt, daß die zu ermittelnde pH-Differenz der (in mV) gemessenen Potentialdifferenz E proportional ist. Die gebräuchlichen pH-Meßgeräte haben Skalen sowohl für E als auch für pH. Da der Innenpuffer auf pH = 7 eingestellt wird, liegen auf den Skalen E = 0 und pH = 7 übereinander. Der Proportionalitätsfaktor (S = 2,303 RT/F) heißt Nernstfaktor oder Elektrodensteilheit.

Andere ionensensitive Elektroden: Mit Glasmembran-Elektroden können außerdem bestimmt werden (zugleich stets auch H^+):

1. Na^+. Eine typische Glassorte dafür enthält z. B. 11 % Na_2O, 18 % Al_2O_3, 71 % SiO_2. Die Selektivität ist meist gut.

2. Verschiedene einwertige Kationen: Li^+, Na^+, K^+, Rb^+, Cs^+, NH_4^+, Ag^+, Tl^+. Diese werden alle zugleich angezeigt. Die Selektivität ist gering. Eine typische Glassorte hierfür hat z. B. die Zusammensetzung 20 % K_2O, 5 % Al_2O_3, 9 % B_2O_3, 66 % SiO_2.

Kristallmembran-Elektroden können aus Einkristallen bestehen. Diese befinden sich, in Glas oder Kunststoff eingekittet, unten am Elektrodenkörper, meist als Plättchen (Sensor). Beispiele: LaF_3 zur Bestimmung von F^-, Ag_2S zur Bestimmung von Ag^+ und S^{2-}. Andere homogene Festkörpermembran-Elektroden bestehen aus polykristallinen amorphen, gepreßten oder geschmolzenen Substanzen. Beispiele: (vgl. Abb. 6) $AgCl + Ag_2S$ zur Bestimmung von Cl^-. Ag_2S vermindert die Lichtempfindlichkeit von $AgCl$. Wird das Cl im $AgCl$ durch andere Halogene oder Pseudohalogene ersetzt, so können diese mit den betreffenden Membranen bestimmt werden. CuS/Ag_2S, CdS/Ag_2S, PbS/Ag_2S-Elektroden können zur Bestimmung des jeweils an erster Stelle stehenden Metalls dienen, eine AgJ/Ag_2S-Elektrode zur Bestimmung von Hg.

Bei allen diesen Elektroden stören zahlreiche andere Ionen, die manchmal durch Komplexbildung maskiert werden können. Näheres s. *Cammann* (1973).

Bei der Herstellung der heterogenen Niederschlagsmembran-Elektroden werden die Niederschläge schwerlöslicher Verbindungen zur Erhöhung der mechanischen Festigkeit in ein Trägermaterial, meist Silicongummi, eingebettet. Die aktiven Phasen sind ähnlich wie bei den homogenen Niederschlagsmembran-Elektroden.

Flüssigmembran-Elektroden enthalten eine flüssige ionensensitive Phase (Ionenaustauscher, Ionensolvensverbindungen), die durch eine Dialysemembranfolie (Celluloseacetat, Keramikdiaphragma) gegen die Meßlösung abgegrenzt ist. Die flüssige Phase kann durch PVC, Agar o. ä. fixiert sein. Die Membran sitzt prinzipiell an der Stelle der Glasmembran der Glasmembran-Elektroden. Enzymelektroden (z. B. mit Asparaginase zur Bestimmung von Asparaginsäure) sind meistens Glasmembranelektroden mit einer Schicht unlöslich gemachten Enzyms.

Mißt man die Konzentration einer bestimmten Ionenart oder das Redoxpotential mit Hilfe des Potentials direkt, so spricht man von *Direkt-Potentiometrie*. Die Vorteile sind Einfachheit und Schnelligkeit. Von *potentiometrischer Endpunktsindikation* ("Potentiometrischer Titration") spricht man, wenn die Änderung des Potentials im Verlauf einer Titration (wobei z. B. Komplexbildung oder Fällung eintritt) erfolgt. Dabei wird über den Äquivalenzpunkt hinaus titriert. Trägt man das verbrauchte Volumen an Reagens (Normallösung) gegen das Potential auf, so ergibt sich eine Kurve mit einem Wendepunkt, welcher dem Äquivalenzpunkt entspricht. Der Vorteil dieser Methode ist die Genauigkeit.

1.4.3. Anwendung in der Lebensmittelanalytik

Die Hauptanwendung der Potentiometrie in der Lebensmittelanalytik stellt nach wie vor die pH-Messung dar (Übersicht: *Berndt* 1965). Das Redox-Potential (z. B. in Wein, Wasser) wird meistens potentiometrisch bestimmt (Übersicht: *Heimann* 1965). Für spezielle Bestimmungen, besonders im Routinebetrieb mit stets demselben Lebensmittel, haben sich in den letzten Jahren mehrere ionensensitive Elektroden eingeführt (Übersicht für einige pflanzliche Lebensmittel: *Moody* 1976). Die Tabelle 1 gibt einige Beispiele für in der Literatur beschriebene direktpotentiometrische Anwendungen mit relativ einfachen Elektroden. Nach Mineralisierung können Reste chlorhaltiger Extraktionsmittel im Kaffee (*Mascini* 1974) und bromierte Pflanzenöle in Getränken (*Turner* 1972) bestimmt werden. Beispiele für die Anwendung komplizierter (meist Flüssigmembran-) Elektroden gibt die Tabelle 2. Eine relativpotentiometrische Bestimmung von Oxidationsmitteln im Trinkwasser beschreibt *Malissa* (1975). Neu ist die Anwendung potentiometrischer Detektoren in der Hochdruck-Säulenchromatographie.

Tab. 1. Bestimmungen mit einfachen ionensensitiven Elektroden

Zu bestimmendes Ion	Lebensmittel	Literatur
Cl^-	Wasser	*Selmer-Olsen* (1973)
	Milch	*De Clercq* (1974)
	Fruchtsaft	*Anders* (1975)
	Maissirup	*Jacin* (1973)
Br^-	Wein	*Graf* (1976)
F^-	fluoridiertes Speisesalz	*Schick* (1973)
	Kleinkinder-nährmittel	*Tschawadarowa* (1975)
S^{2-} bzw. H_2S	Wasser	*Baumann* (1974)
Na^+	Fleischwaren	*Arneth* (1974)
	Räucherfisch	*McNerney* (1974)
Ca^{2+}	Milch, -erzeugnisse	*Krämer* (1969)

Tab. 2. Bestimmungen mit speziellen Elektroden

Zu bestimmende Substanz	Art der Elektrode (Membran = Flüssig-membran)	Lebensmittel	Literatur
NO_3^-	Membran	Spinat	*Voogt* (1969
		Baby-Food	*Pfeiffer* (1975)
SO_2	Membran	Wein	*Binder* (1975)
NH_3	Membran	Tabak	*Sloan* (1974)
	Valinomycin	Wasser	*Anfalt* (1973)
Glucose	J^--sensitiv		*Nagy* (1973)
Lactose	Pt-Ag/AgCl	Milch	*Bosset* (1974)
Saccharin	Membran		*Hazemoto* (1974)
Amygdalin	$CN^- + \beta$-Glucosidase		*Llenado* (1971)
Detergentien	Membran		*Birch* (1973)
	Alkylbenzolsulfonat/Pt		*Fujinaga* (1974)
NO_2^- als NO	Membran	Räucherfisch	*Sherken* (1976)

Durch potentiometrische Titration können z. B. bestimmt werden: die Gesamtsäure, z. B. in Wein, Essig, Fruchtsäften (Alkalilauge, pH-Elektrode), Ascorbinsäure (Dichlorphenolindophenol-Lösung, Redox-Elektrode), Schweflige Säure in Essig, Konfitüre, Wein (Jodlösung, Redox-Elektrode), Thiol- und Disulfidgruppen, z. B. im Weizen ($AgNO_3$-Lösung, Silberthiol-Elektrode, *Künbauch* 1971) und NaCl in Fleischprodukten ($AgNO_3$-Lösung, Ag_2S-Elektrode, *Kapel* 1974) sowie zahlreichen anderen Lebensmitteln (*Brammell* 1974).

Die *Vorteile* der potentiometrischen Messungen sind: Einfache Messung, weitgehend wartungsfreie Apparatur, für automatische Kontrolle gut geeignet, in den Mikromaßstab übertragbar (pH-Messungen in einzelnen Tropfen, sogar in einzelnen Zellen).

Nachteilig ist, daß Störionen mit angezeigt werden, daß die meisten Elektroden altern und normalerweise nach wenigen Jahren ausgetauscht werden müssen und daß die Messung eine Relativmessung (gegen eine Standardlösung) ist. Der *Fehler* beträgt bei direkter Messung ungefähr 4 %, bei der potentiometrischen Titration 0,1–0,5 %.

Weiterführende Literatur: Berndt (1965), *Cammann* (1973), *Ebel* (1975), *Heimann* (1965), *Strahlmann* (1964), *Lakshminarayanaiah* (1976).

1.4.4. Aufgaben

1.4.4.1. pH-Messung

1.4.4.1.1. Ermittlung der Elektrodensteilheit

Erforderlich: pH-Meter mit Elektrode(n) zur pH-Messung, z. B. kombinierte Glaselektrode. 3 Bechergläser 50–100 ml. 2 Pufferlösungen unterschiedlichen pH-Werts (z. B. pH 7 und pH 9 oder pH 7 und pH 4). Lösung von KCl (p.a.) in Wasser (2,5–3 molar).

Aufgabe: Die praktische Steilheit einer Elektrode zur pH-Messung ist zu ermitteln.

Ausführung: Die beiden Bechergläser werden mit den Pufferlösungen gefüllt. Das Gerät wird eingeschaltet und mit der Elektrode verbunden. Trockene Glaselektroden müssen vor dem Gebrauch einige Tage lang in destilliertem Wasser oder in 1–3 molarer KCl-Lösung gewässert werden, damit sich die Quellschicht bilden kann. Man taucht sie dann bis über das Diaphragma, aber nie bis zum KCl-Einfüllstutzen, in die eine Pufferlösung ein. Falls sich eine Luftblase innerhalb der Glasmembran befindet, muß sie durch leichtes Klopfen entfernt werden. Der Stopfen S wird geöffnet. Das Potential wird auf der mV-Skala abgelesen (Gebrauchsanweisung!). Dann spült man die Elektrode über dem leeren Becherglas kurz mit dest. Wasser ab, taucht in die zweite Pufferlösung und mißt wieder das Potential. Nach erneutem Abspülen taucht man die Elektrode bis mindestens über das Diaphragma in ein Aufbewahrungsgefäß mit 2,5–3 molarer KCl-Lösung. Der Stopfen S wird geschlossen. Für kurzes Aufbewahren ist auch dest. Wasser geeignet. Zu empfehlen sind Gefäße (z. B. mit Schliff), die das Entweichen von Wasser während der Aufbewahrung verhindern (Verstopfen des Diaphragmas durch Kristalle!). Die Pufferlösungen sollen möglichst frisch (hergestellt oder gekauft) sein. Verdünnte Pufferlösungen sollen nach 1–3 Monaten erneuert werden, alkalische unter Umständen früher (CO_2-Einfluß der Luft). Die Haltbarkeit ist abhängig von der Temperatur und der Verschmutzung (Schimmelbildung!). Die Vorratsflasche ist immer sofort wieder zu verschließen. Gebrauchte Pufferlösungen sollen nicht in diese zurückgeleert werden.

Berechnung. Bemerkungen. Trägt man E gegen pH in einem Diagramm auf, so erhält man für jede Temperatur eine Gerade, deren Steigung $\Delta E/\Delta pH$ die (praktische) Elektrodensteilheit darstellt. Man gibt diese Abweichung in Hundertteilen der theoretischen Steilheit an. Diese berechnet man durch Einsetzen von R (8,3144 J K^{-1}mol^{-1}), T und F (96485 C mol^{-1}) in den Nernstfaktor (Gl. [3], Abschnitt 1.4.2.) und Multiplikation mit 1000. Nach Dividieren der praktischen durch die theoretische Steilheit sollte sich ein Wert von 95 % bis 100 % ergeben. Mißt man z. B. bei 20 °C 122 mV bei pH 9 und 10,5 mV bei pH 7, so beträgt die Elektrodensteilheit 95,8 %. Elektroden mit einer Steilheit unter 95 % sind für genaue Messungen nicht mehr geeignet. Ehe man sie wegwirft, sollte aber die Meßanordnung auf Fehler überprüft werden.

Bei dieser Berechnung ist vorausgesetzt, daß E eine lineare Funktion des pH-Werts ist. Dies trifft normalerweise zu, doch ist es günstig, die Linearität durch Messung bei einem dritten pH-Wert zu überprüfen. Schließlich kann man die Messungen auch bei unterschiedlichen Temperaturen ausführen. Man trägt die erhaltenen Werte am besten in einem Diagramm auf. Der Schnittpunkt der Geraden liegt beim pH-Wert des Innenpuffers der Meßelektrode.

Die meisten Potentiometer besitzen einen Schalter, mit dem sich das ganze Meßverfahren sehr vereinfacht: man stellt den Zeiger beim ersten Puffer auf den ersten pH-Wert ein, taucht die Elektrode in den zweiten Puffer und stellt mit Hilfe des Schalters den Zeiger auf den zweiten pH-Wert ein. Die Messungen sollten wiederholt werden, bis völlige Übereinstimmung erzielt ist. Am Schalter kann dann die Elektrodensteilheit in % abgelesen werden. Manche Potentiometer kombinieren diese Einstellung mit der Temperaturkorrektur, die prinzipiell ähnlich erfolgt.

Der Stromschlüssel-Elektrolyt soll während der Messung stets etwas ausfließen. Hauptgrund: die Verunreinigung des Stromschlüssels soll vermieden werden. Wichtigste Folgerungen: Während der Messung soll die obere Einfüllöffnung für den Elektrolyten (Stopfen S) nicht luftdicht verschlossen sein. Die Bezugselektrode soll nicht so tief in die Meßlösung eintauchen, daß der Pegel der Meßlösung über dem der Füllösung liegt. Bei Nichtgebrauch der Elektrode sollte die Spitze des Stromschlüssels (Diaphragma) stets in eine möglichst reine etwas weniger konzentrierte Lösung desselben Elektrolyten eintauchen. Bei der Messung ist ferner darauf zu achten, daß die gesamte Oberfläche der Membran und des Diaphragmas mit der Meßlösung in Kontakt ist. Dies ist besonders bei Messungen in Pasten oder z. B. Fleisch zu beachten.

Die normale Reinigung erfolgt nach jeder Messung durch Spülen mit destilliertem Wasser, nie mit trockenem Lappen (elektrostatische Aufladung!). Ist eine Glasmembran stärker verschmutzt, so kann kurzzeitig (nie lange, sonst irreversible Entquellung!) mit Chromschwefelsäure oder oberflächenaktiven Mitteln behandelt werden, bei Verschmutzung durch Proteine mit Lösungen von Proteinasen, bei Verschmutzung durch Fett mit Petroläther. Als mögliche Hilfe bei irreversibler Austrocknung der Glasmembran gibt *Cammann* (1973) an: 30 Sekunden lang in eine 10%ige Flußsäurelösung tauchen, obere Glasschichten abreiben, mehrere Tage wässern.

1.4.4.1.2. Fehlerquellen

Erforderlich: Geräte und Reagentien wie bei Aufgabe 1.4.4.1.1., darunter Pufferlösungen pH 7 und pH 4. Absolutes Äthanol.

Aufgabe: Die Fehlerquellen, die bei der pH-Messung entstehen, wenn das Diaphragma während der Messung nicht bzw. die Membran nicht vollständig in die Meßlösung eintauchen, wenn der

Stopfen S (Abb. 5) während der Messung geschlossen bleibt und wenn das Diaphragma teilweise entquollen ist, sollen demonstriert werden.

Ausführung: Analog wie bei Aufgabe 1.4.4.1.1. werden die pH-Werte der beiden Pufferlösungen gemessen, wobei mit Hilfe des Korrekturschalters die Ausschläge des Meßinstruments auf pH 7 bzw. pH 4 genau eingestellt werden (Eichung). Jetzt erfolgen Messungen des Puffers (pH 4): a) bei nur teilweise von der Pufferlösung bedeckter Membran, b) bei nicht eingetauchtem Diaphragma, (oft ist a) und b) bei einer Messung erfüllt), c) bei aufgesetztem Stopfen, d) sofort nach kurzem Eintauchen der Elektrode in Äthanol (diesmal ohne Spülen mit Wasser dazwischen).

Ergebnis: bei a), b) und d) findet man normalerweise einen zu großen, bei c) einen zu kleinen pH-Wert. Äthanol entquillt die Gelschicht der Elektrode, bei kurzer Einwirkung reversibel.

Bemerkungen: Weitere Fehlerquellen, die speziell bei kombinierten Glaselektroden auftreten können, werden durch das Verstopfen des Diaphragmas bedingt. In diesem Diaphragma können sich ablagern: AgCl (wenn längere Zeit in dest. Wasser getaucht wurde; Abhilfe: Elektrode über Nacht in Ammoniaklösung (25 %) stellen, gut mit Wasser spülen, 1 Stunde in Pufferlösung pH 4 tauchen), KCl (wenn mit gesättigter KCl-Lösung gefüllt; Abhilfe: Elektrode in heißes Wasser tauchen, schütteln bis das KCl gelöst ist, eventuell etwas dest. Wasser einspritzen, mit Wasserstrahlpumpe aussaugen, mit 3 m-KCl-Lösung neu füllen), Feststoffe aus trüben Flüssigkeiten (Abhilfe: leichtes Anfeilen des Diaphragmas, wozu Erfahrung nötig ist) oder Proteine (vgl. Aufgabe 1.4.4.1.4.).

Unter pH 1 und, je nach Glassorte, über pH 9–12, treten Säure- bzw. Alkalifehler auf. Der Säurefehler täuscht zu hohe, der (größere) Alkalifehler zu niedrige Meßwerte vor. Beide Fehler sind abhängig von der Temperatur, der Säurefehler von der Art des anwesenden Anions, der Alkalifehler von der des Kations (Na^+ wirkt stärker als K^+). Letzterer wird durch, meist Li-haltige, „alkaliresistente" Gläser vermindert. Die von den Firmen angegebenen Meßbereiche für die Elektroden sind zu beachten. Die Potentialstabilität von Glaselektroden wird vom Trocknen oder Wässern wenig, vom Wechsel zwischen sauren und basischen Lösungen stärker beeinflußt (*Karlberg* 1975). Mögliche Fehler, die auch bei anderen Elektroden, besonders auch den anderen ionensensitiven, auftreten, sind: Abhängigkeit der Meßwerte von der Rührgeschwindigkeit und der Geometrie der Meßzelle (Ursache: Störpotential durch Ladungstrennung infolge des Rührens; Abhilfe: Zugabe eines indifferenten Elektrolyten), inkonstante Anzeige bzw. Drifterscheinungen (Ursache: Übergang einer anderen als der Analysensubstanz auf die Elektrode; Abhilfe: stunden- bis tagelanges Konditionieren der Elektrode vor der Messung in einer der Meßlösung möglichst ähnlichen Lösung) und eine vorübergehende Änderung der Anzeige, wenn größere Mengen an Störionen der Meßlösung zugesetzt werden (Ursache: verzögerte Einstellung des Austauschgleichgewichts an der Phasengrenze; Abhilfe: bei statischen Messungen bis zu 30 Sekunden warten. Bei Durchflußmessungen ist keine Abhilfe möglich). Eine gute Übersicht und genauere Besprechung gibt *Cammann* (1973).

1.4.4.1.3. Einfluß von Temperatur und Alkoholgehalt

Erforderlich: pH-Meter, Glaselektrode, Wasserbad, Kühlschrank, Thermometer (bis 50 °C), 5 Bechergläser 50 ml Hochform, Meßkolben 100 ml, Meßzylinder 100 ml, Weißwein, Weinsäure p.a., Äthanol, 2 Pufferlösungen (pH 7 und pH 4).

Aufgabe: Der pH-Wert eines Weißweines und einer Weinsäurelösung ist zu messen. Der Einfluß der Temperatur (etwa 6, 20, 30 °C) und des Alkoholgehaltes (10 %) auf den pH-Wert ist zu ermitteln.

Ausführung: Die Glaselektrode wird zunächst mit Hilfe der Pufferlösungen geeicht (vgl. Aufgabe 1.4.4.1.2.). Um den Einfluß der Temperatur auf den pH-Wert zu untersuchen, gibt man etwas Wein in ein Becherglas und stellt dieses in den Kühlschrank, bis eine Temperatur von 4–8 °C erreicht ist. Sodann bestimmt man den pH-Wert mit Temperaturkontrolle. Ebenso verfährt man bei ungefähr 20 °C (Zimmertemperatur) und ungefähr 30 °C (Wasserbad). Zum Vergleich werden alle Messungen auch ohne Temperaturkontrolle ausgeführt, wobei das Gerät auf Zimmertemperatur eingestellt bleibt. Zur Demonstration der Abhängigkeit vom Alkoholgehalt stellt man sich eine 0,1 n-Weinsäurelösung und außerdem eine 0,1 n-Weinsäurelösung mit 10 % Äthanolgehalt her. Außerdem entgeistet man den Weißwein durch Einengen auf ¹/₃ des Volumens (Wasserbad) und füllt nach dem Abkühlen wieder mit Wasser auf. Man mißt jeweils den pH-Wert mit Temperaturkontrolle.

Ergebnis: Der pH-Wert ist sehr temperaturabhängig (ohne Korrektur in der Kälte zu hoch, in der Wärme zu niedrig), wobei mit zunehmender Abweichung von Zimmertemperatur naturgemäß die Ungenauigkeit zunimmt. Der Alkoholgehalt bewirkt eine Abnahme der Acidität der Weinsäurelösung; dementsprechend ist der pH-Wert im Wein nach dem Entgeisten niedriger.

1.4.4.1.4. Potentiometrische Titration

Erforderlich: Geräte und Reagentien wie bei Aufgabe 1.4.4.1.1., Feinbürette. Magnetrührer. Stativ mit Klemme. 0,25 n-NaOH. 0,25 n-HCl. Milchsäure (etwa 90 %). Milch. Lösung von 5 % Pepsin in 0,1 n-HCl.

Aufgabe: Eine potentiometrische Titration soll am Beispiel der Säuregradbestimmung in Milch gezeigt werden.

Ausführung: Nach Eichung und gegebenenfalls Steilheitskontrolle (Aufg. 1.4.4.1.1.) werden 25 ml Milch in einem Becherglas (100 ml) unter ständigem Rühren mit dem Magnetrührer mit 0,25 n-Natronlauge titriert. Nach jedem Zusatz von etwa 0,25 ml (genau ablesen) wird der pH-Wert gemessen, bis er den Wert 13,0 überschritten hat. Für die eigentliche Säuregradbestimmung braucht nur bis pH 9 titriert zu werden. Man trägt die pH-Werte in Abhängigkeit vom zugesetzten Volumen an Reagens graphisch auf und ermittelt den zu pH = 8,46 gehörenden Punkt auf der Volumenachse, der dem Reagenszusatz im Äquivalenzpunkt entspricht. Ein zweiter Versuch wird mit 25 ml Milch und einem Zusatz von 1 Tropfen Milchsäure wie eben beschrieben durchgeführt. Der Säuregrad (Grad Soxhlet-Henkel) ergibt sich aus dem Reagenszusatz a im Äquivalenzpunkt zu °SH = a · 4 · F, wenn F der Faktor (Titer) der 0,25 n-NaOH ist. Das Resultat wird mit einer Dezimale angegeben.

Um den gesamten Verlauf der potentiometrischen Kurve für normale Milch zu ermitteln, werden in einem dritten Versuch 25 ml Milch mit 0,25 n-HCl bis pH = 1,0 titriert. Man trägt die Werte von pH 1 bis pH 13 in ein Koordinatensystem ein, die verbrauchten ml 0,25 n-HCl nach links vom pH-Wert der frischen Milch, die verbrauchten ml 0,25 n-NaOH nach rechts.

Nach den Messungen muß die Elektrode speziell gereinigt werden, da Proteine im Diaphragma ausfallen können, was zu falschen Anzeigen führt. Man taucht die Elektrode 2 Stunden lang in Pepsin-Salzsäure-Lösung. Auch kurzzeitiges Eintauchen in Chromschwefelsäure oder längeres in Ammoniaklösung (25 %) kann hilfreich sein. In jedem Fall muß anschließend gründlich mit Wasser gespült werden.

Um eine möglichst schnelle Mischung von Milch und Normallösung zu erreichen, sollte man so schnell rühren, daß gerade keine Luftblasen eingewirbelt werden. Die Elektrode sollte sich nahe am Gefäßrand befinden, weil dort eine besonders rasche Vermischung stattfindet. Das Diaphragma befindet sich am besten im Strömungsschatten des Rührerwirbels. Die Bürettenspitze sollte möglichst fein sein (vgl. *Ebel* 1975).

Ergebnis, Bemerkungen. Die gesamte potentiometrische Kurve verläuft S-förmig, wobei der Wendepunkt etwa bei pH 8,5 liegt. Im sauren Bereich treten allerdings 2 weitere weniger ausgeprägte Wendepunkte auf. Bei der Bestimmung des Säuregrads in Milch spielt dies keine Rolle, weil der Äquivalenzpunkt festgelegt ist (s. u.). Bei anderen potentiometrischen Titrationen, bei denen prinzipiell auch S-förmige Kurven erhalten werden, deren Wendepunkt der Äquivalenzpunkt ist, kann die Erkennung des Äquivalenzpunktes schwierig sein. Es sind dafür verschiedene Rechenverfahren und Diagrammpapiere entwickelt worden (vgl. *Kraft* 1972, *Ebel* 1975). Wegen der Fehlermöglichkeiten vgl. *Ebel* (1976).

Man soll bei frischer Milch einen Säuregrad zwischen 6,5 und 7,5 °SH erhalten. Weiter gelten folgende Werte für die Beurteilung: Milch von euterkranken Tieren allgemein < 6,0 °SH, saure oder ranzige Milch > 8,5 °SH. Im zweiten Versuch (nach Zusatz von einem Tropfen Milchsäure) findet man z. B. statt 6,3 °SH etwa 12 °SH. Eine derartige Milch wäre als sauer oder ranzig anzusprechen.

Nach der DIN-Vorschrift 10 316 (vgl. *Kiermeier* 1973, S. 299) wird der Säuregrad von Milch durch Titration in Gegenwart von Phenolphthalein als Indikator bestimmt (daher entspricht ein pH-Wert von 8,46 dem Äquivalenzpunkt). Es ist zu empfehlen, diese offizielle, im übrigen analog auszuführende, Methode vergleichsweise ebenfalls zu üben. Als Farbstandard zur Erkennung des Umschlagspunkts dienen 25 ml Milch, die mit 0,5 ml einer Lösung von 5 g Kobaltsulfat in 100 ml Wasser versetzt sind. Dieser Standard soll nicht älter als 3 Stunden sein. Die Titrationsdauer soll 0,5 Minuten nicht überschreiten.

1.4.4.2. *Andere kationensensitive Elektroden (am Beispiel einer natriumsensitiven Elektrode)*

Die folgenden Versuche können mit entsprechenden Abwandlungen auch mit anderen kationensensitiven Elektroden ausgeführt werden. Bei mehrwertigen Ionen ist die Ladungszahl z (z. B. in Gl. [3], Abschnitt 1.4.2.) zu berücksichtigen.

1.4.4.2.1. Eichkurven

Erforderlich: Präzisions-pH-Meter. Na-sensitive Elektrode, Bezugselektrode Ag/AgCl, Analysenwaage, 8 Kunststoff-Flaschen (1 l). Meßkolben (1 l). Pipette 100 ml. 2 Pipetten (25 ml). Mehrere Bechergläser (100 ml). 2 Wägegläser. NaCl p.a. Tris-(hydroxymethyl)-aminomethan (Tris). KCl p.a.

Aufgabe: Es sind für NaCl mit der Natrium-sensitiven Elektrode aufzunehmen: a) eine Eichkurve, wie man sie ohne jede Kenntnis des Verhaltens von ionensensitiven Elektroden aufstellen würde, b) eine Aktivitätseichkurve und c) eine Konzentrationseichkurve. Die Messungen sind möglichst am gleichen Tag auszuführen.

Ausführung: 58,443 g NaCl werden genau gewogen und im Meßkolben in Wasser gelöst. Nach dem Auffüllen zur Marke erhält man eine 1-molare NaCl-Lösung, aus der die benötigten Verdünnungen (10^{-1} bis 10^{-6}) durch jeweiliges Verdünnen 1 : 10 hergestellt werden. Alle Lösungen sind sofort in Kunststoff-Flaschen zu füllen.

a) Die Na-sensitive Elektrode wird über Nacht in einer 0,1 n-NaCl-Lösung vorgequollen. Die Bezugselektrode wird mit gesättigter KCl-Lösung gefüllt. Man beginnt mit der 10^{-6} molaren Lösung. Die Elektroden werden aus der Aufbewahrungslösung genommen, mit dest. Wasser abgespült und in die im Becherglas befindliche Meßlösung (zuerst also 10^{-6} mol/l) getaucht. Die Messung erfolgt auf der mV-Skala im Feinbereich. Da die mV-Messung eine Absolutmessung ist, braucht nicht geeicht und temperaturkorrigiert zu werden. Allerdings soll die Temperatur bei allen Messungen gleich sein, um einen Einfluß auf die Potentialbildung zu vermeiden. Die genaue Meßanleitung und Ablesung auf der Skala entnehme man der jeweiligen Bedienungsanleitung. Es ist stets 1–2 Minuten abzuwarten, bis die Anzeige konstant ist, bei sehr verdünnten Lösungen kann der Vorgang 5–10 Minuten dauern. Rühren beschleunigt die Potentialeinstellung; es muß aber bei allen Messungen mit gleicher Geschwindigkeit gerührt werden (Magnetrührer). In gleicher Weise mißt man die anderen Standardlösungen.

b) Zu jeder Standardlösung setzt man eine Spatelspitze Tris zu und kontrolliert den pH-Wert mittels eines Indikatorpapieres (er sollte 4 Einheiten über dem pNa-Wert liegen). Sodann mißt man alle Lösungen, wieder mit der niedrigsten Konzentration beginnend.

c) Um neben der Aktivität auch die Konzentration direkt bestimmen zu können, ist eine Verdünnung der Standardlösung mit 1m-Tris im Verhältnis 1 : 1 vorzunehmen, um die Ionenstärke zu fixieren. Man mischt gleiche Volumina der einzelnen Standardlösungen und der 1m-Tris-(hydroxymethyl)-aminomethanlösung. In allen so hergestellten Lösungen ist das Potential zu messen.

Auswertung: Alle Meßwerte werden auf halblogarithmisches Papier aufgetragen (Konzentration bzw. Aktivität logarithmisch, Potential linear). Im Versuch a und c werden die Konzentrationen aufgetragen, im Versuch b die Aktivitäten. Sie sind folgender Tabelle zu entnehmen (entnommen der Bedienungsanleitung zum Metrohm pH-Meter E 510, zur Berechnung s. *Försterling* 1971, S. 360).

Tab. 3. Erläuterung im Text

NaCl mol/l	Na$^+$-Aktivität	Aktivitätskoeffizient	einzuhaltender pH-Wert
10^0	$0{,}59 \cdot 10^0$	0,59	> 4
10^{-1}	$0{,}77 \cdot 10^{-1}$	0,77	> 5
10^{-2}	$0{,}90 \cdot 10^{-2}$	0,90	> 6
10^{-3}	$0{,}96 \cdot 10^{-3}$	0,96	> 7
10^{-4}	$1{,}00 \cdot 10^{-4}$	1,00	> 8
10^{-5}	$1{,}00 \cdot 10^{-5}$	1,00	> 9
10^{-6}	$1{,}00 \cdot 10^{-6}$	1,00	> 10

Ergebnisse und Bemerkungen. Die Na-Elektrode spricht auf die Ionenaktivität an. Diese kann daher in der Lösung direkt bestimmt werden. Die bedeutendste Störung wird jedoch durch das Wasserstoffion verursacht. Daher ist es bei allen Messungen wichtig, den pH-Wert um mindestens vier Einheiten über dem pNa-

Wert (definiert analog dem pH-Wert) zu halten, d. h. bei pNa = 2
sollte der pH-Wert 6, bei pNa = 5 dagegen der pH-Wert 9
nicht unterschritten werden. Man erhält so im Versuch b eine
Gerade. Lediglich die Werte zu 10^{-5} mol/l und 10^{-6} mol/l fallen
heraus. Stellt man den pH-Wert nicht ein („ungepuffertes" Arbeiten), beachtet also die Querempfindlichkeit der Elektrode gegen
H^+-Ionen nicht, so erhält man keine Gerade (Versuch a). Da
sich eine Gerade als Eichkurve viel besser eignet (Interpolation
genauer), ist das „Puffern" grundsätzlich vorzuziehen. Es geschieht normalerweise mit organischen Basen, z. B. auch mit Tri-
äthanolamin oder Diisopropylamin.

Bei der Erstellung der Konzentrationseichkurve dient Tris-
(hydroxymethyl)-aminomethanlösung auch als TISAB-Lösung
(*total ionic strength adjustment buffer*). Die Ionenstärke

$$I = 0,5 \, \Sigma c_i z_i^2$$

(c_i = Konzentration eines individuellen Ions, z_i = Ladungszahl) soll möglichst gleich sein. Auch bei der Konzentrationseichkurve fallen die Werte bei 10^{-5} und 10^{-6} mol/l heraus, d. h., die
Na-Elektrode erfaßt wohl diesen Bereich noch, nur nicht mehr mit
der gewünschten Genauigkeit. Diese kann prinzipiell durch Arbeiten in Kunststoffgefäßen (größere Reinheit) und durch Messung
im Durchfluß (Verminderung von Störungen durch Ionen des Elektrolyten der Bezugselektrode) erhöht werden. Günstig ist dann und
bei Anwesenheit von Substanzen, die die Elektrode angreifen
Aufg. 1.4.4.2.3.), die Verwendung eines Diaphragmengefäßes (vgl.
Aufg. 1.4.4.3.1., Abb. 6).

Die größere Potentialeinstellzeit im Vergleich mit der pH-
Elektrode ist durch die geringere Beweglichkeit des Natriumions
bedingt. Sie wird durch das Vorkonditionieren in 0,1 m-NaCl-
Lösung verkleinert. Zur dynamischen Messung der Einstellzeit vgl.
Rangarajan (1975).

Günstiger als das Aufstellen von Eichkurven ist die Messung
über die „Ionenskala" (Versuch 1.4.4.2.4.).

1.4.4.2.2. Einfluß von Kalium

Erforderlich: Präzisions-pH-Meter. Na-sensitive Elektrode. Bezugselektrode Ag/AgCl. Analysenwaage, Meßkolben 100 ml.
2 kleine Wägegläser. Becherglas 250 ml. NaCl p. a. KCl p. a.
Tris. pH-Papier.

Aufgabe: Die Querempfindlichkeit der Na-sensitiven Elektrode gegenüber Kaliumionen ist zu untersuchen.

Ausführung: 0,0127 g NaCl werden in 100 ml Wasser gelöst ($\triangleq$ 50 mgNa/l). Nach Einstellung des pH-Wertes auf pH = 6 mit Tris (eine Spatelspitze zugeben, 1 Tropfen der Lösung auf pH-Papier tropfen) mißt man die Aktivität. Sodann stellt man sich eine Lösung von 0,0127 g NaCl und 0,0953 g KCl in 100 ml Wasser ($\triangleq$ 500 mg K/l) her und bestimmt erneut die Aktivität bei pH 6.

Ergebnis: Bei beiden Messungen sollte man dieselbe Potentialdifferenz erhalten. Das häufig neben Na auftretende K beeinträchtigt also bis zum 10fachen Überschuß die Meßgenauigkeit nicht. Gegen andere Kationen sind Na-Elektroden mehr oder weniger querempfindlich.

Bemerkungen: Das *Selektivitätsverhältnis* (Selektivitätskonstante) gibt an, wie gut ein Störion im Vergleich zu dem zu bestimmenden Ion angezeigt wird. Der Zahlenwert sollte also möglichst klein sein. Beispiel: Bei einem Selektivitätsverhältnis von 10^{-3} wird das Meßion 1 000mal empfindlicher angezeigt als das Störion. Die Firmen teilen meistens die Selektivitätskonstanten für die von ihnen hergestellten Elektroden mit. Eine spezielle Elektrode (Metrohm) besitzt z. B. folgende Selektivitätskonstanten: H^+ $2 \cdot 10^2$, Li^+ $5 \cdot 10^{-3}$, K^+ $5 \cdot 10^{-4}$, Ca^{2+} $1 \cdot 10^{-4}$, NH_4^+ $5 \cdot 10^{-5}$.

1.4.4.2.3. Einfluß von Anionen

Erforderlich: Präzisions-pH-Meter. Na-sensitive Elektrode, Bezugselektrode Ag/AgCl. Analysenwaage. 3 Meßkolben (100 ml). 2 kleine Wägegläser. 2 Bechergläser (100 ml). Lösung von 0,1267 g $Na_3PO_4 \cdot 12\ H_2O$ p. a. in 100 ml Wasser. Lösung von 0,0585 g NaCl p. a. in 100 ml Wasser. Lösung von Tris in Wasser (1 molar).

Aufgabe: Es ist zu untersuchen, ob die Na-sensitive Elektrode gegen Anionen querempfindlich ist. Hierfür werden die Aktivitäten bzw. Konzentrationen von (in bezug auf Na) 0,01 normalen Lösungen von Na_3PO_4, Na_2SO_4 und NaCl miteinander verglichen.

Ausführung: Man mißt die Aktivitäten und Konzentrationen der drei Lösungen wie im Versuch 1.4.4.2.1.

Ergebnis: Bei allen 3 Lösungen sollten dieselben Aktivitäten und dieselben Konzentrationen gemessen werden. Daraus folgt, daß die

Na-sensitive Elektrode gegenüber den verwendeten Anionen (in etwa gleichen Konzentrationen) *nicht* querempfindlich ist. Man sollte jedoch die Elektrode nicht länger als notwendig in die Na_3PO_4-Lösung eintauchen, da konzentrierte Phosphatlösungen die Gelschicht der Glasmembran angreifen.

1.4.4.2.4. Bestimmung von Natrium in Brausepulver

Erforderlich: Präzisions-pH-Meter, Na-sensitive Elektrode, Bezugselektrode Ag/AgCl. Bunsenbrenner. Analysenwaage. Muffelofen. Mehrere kleine Wägegläser. Mehrere Bechergläser (100 ml). Mehrere Meßkolben (100 ml). Platinschale. Brausepulver, selbst hergestellt aus gleichen Teilen Saccharose, Weinsäure und Natriumhydrogencarbonat. 1 m-Tris-Lösung in Wasser. 0,1 n-HCl.

Aufgabe: Natrium im Brausepulver ist potentiometrisch zu bestimmen, und zwar sowohl im wässrigen Auszug als auch nach dem Veraschen und Lösen in Salzsäure. In einem Zusatzversuch kann die Messung mit der Ionen-Meßskala gezeigt werden, sofern eine solche am Gerät vorhanden ist.

Ausführung: Etwa 1 g (genau gewogen) Brausepulver wird in Wasser zu 100 ml gelöst. Man versetzt nach dem Entweichen des CO_2 einen Teil der Lösung im Verhältnis 1 : 1 mit der Tris-Lösung und bestimmt die Potentialdifferenzen (Potentialeinstellzeit abwarten!). Mit Hilfe der im Versuch 1.4.4.2.1. aufgestellten Eichkurve liest man sodann die Konzentrationen ab, wobei folgendes zu beachten ist: Die Eichkurve ist mindestens jeden Tag durch Messen eines Eichstandards zu überprüfen. Wird eine Abweichung festgestellt, so braucht keine neue Eichkurve aufgestellt zu werden, sondern man zieht durch den Punkt des neu vermessenen Eichstandards eine Parallele zur alten Eichkurve. Für die Veraschung wiegt man etwa 1 g (genau gewogen) des Brausepulvers ab, verkohlt zunächst vorsichtig in der Platinschale und verascht bei 500 °C im Muffelofen. Die Asche wird in 0,1 n-HCl aufgenommen, in einen Meßkolben (100 ml) übergeführt und mit Wasser zur Marke aufgefüllt. Einen Teil der Lösung benutzt man zur Konzentrationsmessung.

Ergebnis. Zusatzversuch. Der theoretische Natriumgehalt wird bei exaktem Arbeiten mit Fehlern von höchstens ± 5 % erhalten, wobei die Bestimmung aus der Asche genauere, aber etwas zu niedrige Werte liefert (Flüchtigkeit!). Da die Bestimmung in der geschilderten Art in der Praxis relativ umständlich (Eichkurve muß aufgestellt werden) und ungenau ist (bei großen Konzentrationen kann die Fehlmessung eines Eichstandards um nur 2 mV bereits einen Fehler von 20 % verursachen), wurden Geräte entwickelt, die entsprechend der pH-Skala eine Ionen-Skala besitzen, und zwar sowohl für einwertige als auch für zweiwertige Ionen. Die Polarität kann durch einen Umschalter gewählt werden (wegen der logarithmischen Skala muß die Meßrichtung vorgegeben werden). Die „ion-Skala" ist wesentlich empfindlicher als die mV-Skala; die Ablesung kann genauer als über eine Eichkurve erfolgen. Für die Bestimmung wird wie bei der pH-Messung mit einem Eichstandard geeicht und die Steilheitskontrolle mit einem zweiten Eichstandard vorgenommen. Der Meßwert der Analysenlösung kann unter Berücksichtigung der Eichlösung direkt abgelesen werden. Voraussetzung ist natürlich der lineare Verlauf der Eichkurve im Meßbereich. Je nach Probenvorbereitung (vgl. Versuch 1.4.4.2.1.) können so Aktivitäten oder Konzentrationen bestimmt werden.

Wie bei der pH-Messung ist auch bei der pNa-Messung die Eichlösung in einem Bereich zu wählen, der dem Analysenbereich nahekommt. Im vorliegenden Fall bietet sich die Eichung mit einer 0,1 m-NaCl-Lösung an (genaue Durchführung s. Bedienungsanleitung). Die Steilheit wird mit 0,01 m-NaCl-Lösung eingestellt. Sodann wird die Potentialdifferenz der Analysenlösung gemessen. Alle Lösungen (auch die Eichlösungen) werden in bekannter Weise mit Tris-Lösung versetzt.

Beim Arbeiten mit dieser Methode wird der Natriumgehalt des Brausepulvers normalerweise genauer (mit einem Fehler von höchstens ± 3 %) ermittelt. Erfahrungsgemäß noch geringer wird der Fehler bei den Eichzusatz-Methoden analog Aufgabe 1.4.4.3.4.

1.4.4.3. Anionensensitive Elektroden (am Beispiel einer chloridsensitiven Elektrode)

Die folgenden Versuche sind für eine $AgCl/Ag_2S$-Elektrode (homogene Festkörpermembran-Elektrode) gedacht. Sie lassen sich mit entsprechenden Änderungen auf andere anionensensitive Elektroden übertragen.

1.4.4.3.1. Eichkurven

Erforderlich: Präzisions-pH-Meter, Cl^--spezifische Elektrode, Bezugselektrode Ag/AgCl mit Diaphragmengefäß, Analysenwaage,

8 Kunststoff-Flaschen 1 l, Meßkolben 1 l, Pipette 100 ml, 2 Pipetten 25 ml, mehrere Bechergläser 100 ml, 1 kleines, 1 großes Wägeglas; NaCl p. a., KNO₃ p. a., KCl p. a.

Aufgabe: Es ist eine Aktivitäts- und eine Konzentrationseichkurve für NaCl-Lösungen mit der Cl⁻-spezifischen Elektrode aufzunehmen.

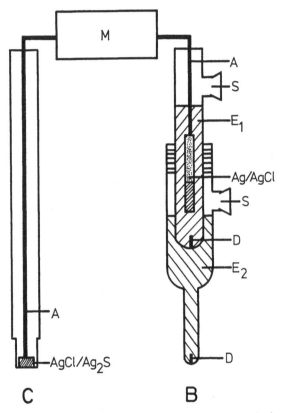

Abb. 6. Meßkette zur Chloridbestimmung (schematisch) mit Diaphragmengefäß (Doppeldiaphragma). C = Chloridsensitive Festkörpermembran-Elektrode. M = Meßgerät. B = Silberchlorid-Bezugselektrode. A = Ableitelektrode. D = Diaphragma. E_1 = Bezugselektroden-Elektrolyt (innerer Elektrolyt, KCl-Lösung). E_2 = Zwischenelektrolyt (chloridfrei). S = Einfüllstutzen.

Ausführung: Die Standardlösungen werden entsprechend Versuch 1.4.4.2.1. hergestellt. Für die Chloridbestimmung benötigt man eine Ag/AgCl-Bezugselektrode mit chloridfreiem Elektrolyt. Deshalb füllt man als äußere Elektrolytlösung 1 m-KNO$_3$-Lösung in das Diaphragmengefäß der Bezugselektrode (vgl. Abb. 6). Dieser sog. Zwischenelektrolyt ist häufig zu wechseln, um sicherzustellen, daß kein Cl$^-$ aus dem inneren Elektrolyten in den Zwischenelektrolyten und damit in die Meßlösung gelangt. Die Chlorid-Elektrode selber bedarf keiner Vorkonditionierung, lediglich bei häufigem Gebrauch ist ein Aufbewahren in 10^{-3} m-Chloridlösung zu empfehlen. Anders als bei der Na$^+$-sensitiven Elektrode ist bei der Cl$^-$-sensitiven keine besondere Einhaltung des pH-Wertes notwendig. Der Meßbereich überstreicht den pH-Wert von 0 bis 14. Deshalb kann sofort mit der Aufstellung der Aktivitätseichkurve begonnen werden (s. Versuch 1.4.4.2.1.). Die Potentialeinstellzeit ist wesentlich geringer als bei der Na$^+$-Elektrode, trotzdem beachte man das dort Gesagte.

Für die Erstellung der Konzentrationseichkurve ist wieder eine Verdünnung mit einer TISAB-Lösung im Verhältnis 1 : 1 nötig. Für Lösungen bis 0,2 m wird hier jedoch eine 2 m-KNO$_3$-Lösung empfohlen, weil OH-Ionen etwas stören (vgl. Aufg. 1.4.4.3.3.). Im übrigen wird analog wie bei Versuch 1.4.4.2.1. gearbeitet.

Auswertung: Wie bei der Na-Elektrode. Über die Aktivitäten der NaCl-Lösung gibt die folgende Tabelle Aufschluß (entnommen der Gebrauchsanweisung zur Cl$^-$-sensitiven Elektrode der Fa. Metrohm):

Tab. 4. Erläuterung im Text

Konzentration (mol/l) NaCl	Aktivitätskoeffizient	Cl$^-$-Aktivität
10^0	0,66	0,66
10^{-1}	0,75	0,75 · 10^{-1}
10^{-2}	0,90	0,90 · 10^{-2}
10^{-3}	0,97	0,97 · 10^{-3}
$\leq$ 10^{-4}	1,00	$\leq$ 1,00 · 10^{-4}

Ergebnis: Die erhaltenen Eichkurven sind keine Geraden. Die untere Meßbereichsgrenze ist durch das Löslichkeitsprodukt des im Sensor enthaltenen AgCl gegeben. Für 25 °C liegt es bei 1,4 x 10^{-5} mol/l AgCl. Bei kleineren Aktivitäten weicht deshalb die Kurve wegen der Eigenlöslichkeit des AgCl von der Nernst-Geraden ab. Die Potentialeinstellzeit ist bei niedrigen Konzentrationen länger (bei 10^{-1} mol/l einige Sekunden, bei 10^{-5} mol/l einige Minuten). Durch Rühren und durch Glatthalten der Elektrodenoberfläche kann sie verkürzt werden.

1.4.4.3.2. Einfluß von Kationen

Erforderlich: Dieselben Geräte und Reagentien wie bei Aufgabe 1.4.4.3.1., außerdem Silbernitrat.

Aufgabe: Es ist der Einfluß von Kationen auf die Cl^--Messung zu untersuchen.

Ausführung: Man stellt sich eine 0,1 m-KCl-Lösung her und mißt zunächst die Aktivität, sodann nach dem Verdünnen mit 2 m-KNO_3-Lösung im Verhältnis 1 : 1 die Konzentration. Ebenso wird mit einer 0,1 m-NaCl-Lösung verfahren. Schließlich mißt man den Cl^--Gehalt einer Mischung gleicher Volumenteile von 0,01 m-NaCl- und 0,01 m-$AgNO_3$-Lösung nach Verdünnung mit 2 m-KNO_3 (1 : 1).

Ergebnis: Gegen K^+ ist die Cl^--Elektrode nicht querempfindlich. Sowohl in Gegenwart von Na^+ als auch von K^+ werden dieselben Aktivitäten bzw. Konzentrationen gemessen. Das gilt auch für andere Kationen, aber nicht für Ag^+, da der Sensor Ag enthält. Deshalb erhält man in Gegenwart von $AgNO_3$ zu hohe Werte. Selbstverständlich sind die Lösungen am gleichen Tag zu messen (vgl. Versuche 1.4.4.2.1. und 1.4.4.2.4.).

1.4.4.3.3. Einfluß von Anionen

Erforderlich: Dieselben Geräte und Reagentien wie bei Versuch 1.4.4.3.1., zusätzlich Kaliumjodid p. a. und Tris-Lösung.

Aufgabe: Es ist der Einfluß von Anionen auf die Cl^--Messung zu untersuchen.

Ausführung: a) Zunächst bestimmt man die Aktivität einer 0,1 m-NaCl-Lösung. Sodann setzt man etwas KNO_3 zu und mißt erneut. b) Man bestimmt die Konzentration (1 : 1 mit 2 m-KNO_3-Lösung verdünnen) von 25 ml einer 0,001 m-NaCl-Lsg. Dieser setzt man anschließend 0,016 g KJ ($\triangleq$ 0,500 g J^-/l) zu und mißt erneut. c) man wiederholt die erste Messung nach b), wobei man statt KNO_3 die entsprechend molare Tris-Lösung zusetzt. Die den

Potentialdifferenzen zugehörigen Konzentrations- bzw. Aktivitätswerte werden einer am gleichen Tag aufgestellten Eichkurve entnommen.

Ergebnis: NO_3^--Ionen sind keine Störionen. Man findet vor und nach dem Nitrat-Zusatz jedesmal denselben Wert. Deshalb kann man für die Konzentrationsmessung zur Ionenstärkeanpassung ohne Störung eine KNO_3-Lösung verwenden. Tris-Lösung ist nicht geeignet, weil etwas zu niedrige Werte erhalten werden (OH^--Einfluß). Nach dem Zusatz von KJ wird ein bedeutend niedrigeres Potential erhalten. Es werden etwa 235 mg/l Chlorid dadurch vorgetäuscht. J^- ist also ein starkes Störion. Für eine bestimmte Cl^--sensitive Elektrode (Metrohm) werden vom Hersteller folgende maximal zulässigen Verhältnisse von Störion zu Cl^- angegeben:

Tab. 5. Erläuterung im Text

Störsubstanz	Maximal zulässiges Verhältnis ($Cl^- = 1$)
OH^-	80
Br^-	$3 \cdot 10^{-3}$
J^-	$5 \cdot 10^{-7}$
S^{2-}	$< 1 \cdot 10^{-6}$
CN^-	$2 \cdot 10^{-7}$
NH_3	0,12
$S_2O_3^{2-}$	0,01

Grundsätzlich unterscheidet man zwei Arten von Störionen bzw. -substanzen: solche, die mit Ag^+-Ionen lösliche Komplexe bilden (z. B. CN^-, NH_3, $S_2O_3^{2-}$) und andere, die schwerlösliche Niederschläge bilden. Je nachdem kann die Membran der Elektrode zerstört oder stark beschädigt werden (durch stark reduzierende Substanzen, Fotoentwickler), so daß die Oberfläche neu poliert werden muß. Grundsätzlich nicht störend sind SO_4^{2-}, PO_4^{3-}, F^-, HCO_3^- sowie oxidierende Substanzen wie Cu^{2+}, Fe^{3+} oder MnO_4^-.

1.4.4.3.4. Bestimmung von Chlorid in Würze

Erforderlich: Geräte und Reagentien wie für Aufgabe 1.4.4.3.1. Zusätzlich: mehrere kleine Wägegläser, Becherglas 250 ml. Meßkolben 100 ml, 250 ml. Trichter, Filter. 2m-KNO_3-Lösung. Würze.

Aufgabe: Chlorid ist in der wässrigen Lösung einer Würze direkt potentiometrisch zu bestimmen, und zwar mit Hilfe einer Eichkurve, mittels der Ionen-Skala und nach einfachem sowie doppeltem Eichzusatz (Inkrementmethode).

Ausführung: a) Eichkurve. Ionen-Skala. Etwa 3 g der Würze (genau gewogen) werden im Becherglas in etwa 100 ml Wasser gelöst. Die Lösung wird in einen Meßkolben (250 ml) filtriert. Unter Nachwaschen des Becherglases und des Filters mit Wasser wird zur Marke aufgefüllt (Analysenlösung). 100 ml der 1 : 10 verdünnten Analysenlösung werden mit 100 ml 2 m-KNO$_3$-Lösung gemischt (Meßlösung). In etwa 50 ml davon bestimmt man den Chloridgehalt direkt mit Hilfe von Eichkurven entsprechend Aufgabe 1.4.4.3.1. oder entsprechend Aufgabe 1.4.4.2.4. mit der Ionen-Skala.

b) Einfacher Eichzusatz. In 100 ml der Meßlösung wird das Potential E$_1$ gemessen bzw. die Anzeige auf einen Fixpunkt der Inkrementskala (s. Gebrauchsanweisung) gestellt. Nach Zusatz von 1 ml 10^{-2} molarer NaCl-Lösung wird wieder gemessen (E$_2$ bzw. Ausschlag auf Inkrementskala). Man berechnet die Menge an Chlorid in 100 ml Meßlösung (unter Vernachlässigung des Verdünnungseffekts)

$$M_{Cl} = \frac{A \cdot V_a \cdot c_a}{V_0} \text{ (mg)}$$

und daraus den Gehalt in der Würze. Es bedeuten:

V_a = Volumen des Eichzusatzes (1 ml)

c_a = Konzentration in der Eichlösung (354,5 mg/l Cl$^-$)

V_0 = Volumen der Meßlösung vor dem Eichzusatz (100 ml)

$A = (10^{E_2 - E_1/S} - 1)^{-1}$ (S = Elektrodensteilheit).

A kann bei manchen Geräten an einer Inkrementskala abgelesen werden. Ist dies nicht möglich, so kann man es auch aus Tabellen (Gebrauchsanweisung des Potentiometers, Lehrbücher) entnehmen. Die Berechnung kann auch mit Hilfe von Nomogrammen (Fa. Philips, Eindhoven) ausgeführt werden.

c) Doppelter Eichzusatz. In 100 ml der Meßlösung wird das Potential direkt gemessen (E$_1$). Dann setzt man 1 ml 10^{-2} molare NaCl-Lösung zu, mißt (E$_2$), setzt nochmal dieselbe Menge derselben Lösung zu und mißt wieder (E$_3$). Man berechnet den Wert R = E$_3$-E$_1$/E$_2$-E$_1$ und schlägt in einer Tabelle (z. B. *Cam-*

mann 1973, S. 219) das dazugehörige Konzentrationsverhältnis K ($c_x/\Delta c$) auf.

Daraus berechnet sich die Menge Chlorid in 100 ml Meßlösung zu

$$M_{Cl} = \frac{200 \cdot K \cdot V_a \cdot c_a}{V_0} \text{ (mg)}.$$

d) Zur Kontrolle kann der Gehalt an Cl^- in der Analysenlösung nach *Volhard* titriert werden (s. *Rauscher* 1973, S. 103).

Ergebnis. Während der Fehler bei der Titration nach *Volhard* auch beim Ungeübten unter 1 % liegen sollte (und deshalb, wenn der Chloridgehalt der Würze nicht bekannt ist, als „fast theoretischer" Wert zum Vergleich herangezogen werden kann), kann der Fehler bei der direkten Messung mittels Eichkurven bei einigen Prozent liegen. Bei exaktem Arbeiten liegt er, ebenso wie der über die Ionen-Skala ermittelte, um 1 %. Die besten Werte sollten die Eichzusatz-Methoden geben. Sie haben allgemein den Vorteil, daß weder die Ionenstärke noch Komplexbildner, falls sie im Überschuß zu dem zu bestimmenden Ion vorliegen, stören. Da aber mehrere Messungen auszuführen sind, deren Fehler sich summieren können, sind auch hier Gesamtfehler von einigen Prozent möglich. Besonders günstig ist der multiple Eichzusatz und die Auswertung durch Auftragen auf *Gran*-Papier (halb-antilogarithmisches Papier mit Volumenkorrektur, *Schick* (1973), *Ebel* (1975, S. 44).

1.4.4.4. *Redoxpotential. rH-Wert.*

Erforderlich: pH-Meter. Blanke Platinelektrode (gegebenenfalls gut gereinigt). Kalomel-Bezugselektrode. Glaselektrode zur pH-Messung. 5 Bechergläser 250 ml. Pufferlösungen pH 7 und pH 4. Lösung von Natriumsulfit in Wasser (10 %). Lösung von Wasserstoffperoxid in Wasser (30 %). Wein.

Aufgabe: Redoxpotential und rH-Wert eines Weines sind vor und nach dem Zusatz von Sulfit bzw. Wasserstoffperoxid zu ermitteln.

Ausführung: Die Bezugselektrode wird niederohmig, die Redoxelektrode (Platinelektrode) hochohmig mit dem pH-Meter verbunden. In je ein Becherglas kommen 1) etwa 100 ml Wein, 2) 100 ml Wein mit einigen Tropfen Natriumsulfitlösung und 3) 100 ml Wein mit einigen Tropfen Wasserstoffperoxidlösung. Man taucht beide Elektroden in jede Lösung und liest jeweils das Potential auf der Skala des pH-Meters ab. Auch das Vorzeichen (+, -) des Potentials (d. h. die Polarität der Redoxelektrode gegenüber der Bezugselektrode) ist wichtig. Viele pH-Meter besitzen einen Schalter für „Polarität", woraus das Vorzeichen erkannt werden kann. Dann verbindet man das pH-Meter mit der Glaselektrode und mißt den pH-Wert jeder Lösung entsprechend Aufgabe 1.4.4.1.1. nach Eichung mit den Pufferlösungen.

Das Redoxpotential berechnet sich jeweils zu

$E = E' + E_R$

E' = angezeigtes Potential am pH-Meter,

E_R = Potential der Bezugselektrode (gegen die Normal-Wasserstoffelektrode).

Der rH-Wert berechnet sich jeweils zu

$$rH = \frac{E \cdot 2 \cdot F}{2,303 \cdot R \cdot T} + 2 \cdot pH$$

pH = gemessener pH-Wert

Ergebnis. Bemerkungen: Für Redoxsysteme gilt die allgemeinere Form der *Nernst*schen Gleichung (Gl. [1], Abschnitt 1.4.1.).

Man kann also mit Hilfe des Redoxpotentials eine Aussage über die (relative) Reduktions- oder Oxidationswirkung eines Systems machen. Dies gilt auch für ein aus vielen Redoxsystemen bestehendes Lebensmittel. Redoxpotentiale können zur Ermittlung der Frische von Wein, Bier, Milch oder Fleischkonserven und zur Verfolgung der Käsereifung, auch zur Prüfung auf Fehlgärungen, benutzt werden. Wenn Wasserstoffionen an der Redoxreaktion beteiligt sind, ist das Redoxpotential auch vom pH-Wert abhängig. Da insbesondere dieser auch in einem Lebensmittel derselben Art unterschiedlich sein kann, muß zum Redoxpotential stets auch der pH-Wert angegeben werden. Bei den geschilderten Versuchen ist er stets praktisch gleich groß. Die gefundenen Redoxpotentiale (kleiner nach Sulfitzusatz, größer nach Zusatz von H_2O_2) sollen zeigen, daß das Schwefeln der Weine sowie auch das (verbotene) Beseitigen einer Überschwefelung durch Wasserstoffperoxid oder das Altern, das sich ähnlich auswirkt, auf diese Weise erkannt werden können, wenn das Redoxpotential des unveränderten Weins bekannt ist.

Um aber auch bei unterschiedlichen pH-Werten vergleichbare Werte zu erhalten, wurde der rH-Wert eingeführt. Er entspricht (in Analogie zur Definition des pH-Werts) dem negativen dekadischen Logarithmus des Wasserstoffdrucks (in atm), mit dem eine Platinelektrode beladen sein müßte, um die dem Elektrolyten entsprechende Redoxwirkung hervorzurufen. Niedrige rH-Werte entsprechen reduktiven, hohe oxidativen Lösungen. Genügend geschwefelte deutsche Weine besitzen rH-Werte von 17 bis 19 (selten darunter), verdorbene oder alte von 21,5 bis 25. Die Werte sind auch etwas von Sorte und Weinbaugebiet abhängig.

Normalerweise und vor allem, wenn die Potentialeinstellung längere Zeit benötigt, müssen bei Redoxmessungen die zu messenden Lösungen vor der Messung entlüftet werden, denn Sauerstoff stört. Das geschieht ähnlich wie bei der Polarographie (Aufg. 1.6.4.1.), mit deren Hilfe übrigens auch Redoxpotentiale bestimmt werden können, ebenso wie mit Redoxindikatoren. Aus normalem Wein würde beim Entlüften auch SO_2 entfernt; zudem ist die Anwesenheit von O_2 unwahrscheinlich. Deshalb unterbleibt das Entlüften.

1.5. Voltametrie

1.5.1. Prinzip

Man kann die Voltametrie auch als „Potentiometrie bei vorgegebenem Strom" bezeichnen. Ihre hauptsächliche Anwendung in der Lebensmittelanalytik erfolgt zur Endpunktsanzeige bei Titrationen (Polarisationsspannungstitration). Durch die in der zu messenden Flüssigkeit befindlichen Elektroden wird ein kleiner konstanter Gleichstrom geschickt. Dieser erzwingt eine Polarisation bei mindestens einer Elektrode. Man mißt die Potentialdifferenz während der Titration stromlos. Am Äquivalenzpunkt ändert sie sich, und zwar ausgeprägter und schneller als bei den üblichen potentiometrischen Titrationen. Die Methode eignet sich sehr gut für Mikro- und Submikrobestimmungen.

Andere Arten der Voltametrie wie die Polarisationstitration (Stromquelle liefert Wechselstrom, eine Elektrode ist stromlos) oder die Chronopotentiometrie (Potential wird in Abhängigkeit von der Zeit registriert) werden in der Lebensmittelanalytik nur selten verwendet (vgl. aber *Strahlmann* 1964).

1.5.2. Geräteaufbau

Die Elektroden sind entweder beide polarisierbar (B.: Metallelektroden, z. B. Pt) oder sie bestehen aus einer polarisierbaren und einer nicht polarisierbaren (B.: Kalomelektrode). Ein einfaches Schaltschema zeigt die Abb. 7. Meistens legt man Gleichstrom an. Dieser kann von einem geeigneten pH-Meßgerät geliefert werden (1μA reicht fast stets), so daß dann kein besonderes Gerät benötigt wird.

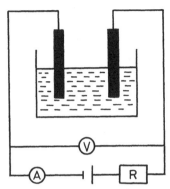

Abb. 7. Schema der Voltametrie. V = Voltmeter. A = Amperemeter. R = Widerstand.

1.5.3. Anwendung in der Lebensmittelanalytik

Besonders häufig wird die voltametrische Endpunktsindikation bei der Wasserbestimmung durch Karl-Fischer-Titration (dead-stop-Methode) verwendet (*Schäfer* 1967, *Strahlmann* 1964). Andere Anwendungen sind möglich bei der Bestimmung der schwefligen Säure im Wein (J_2-Maßlösung, Pt-Elektroden) und bei derjenigen von Calcium und Magnesium in Mineralwasser (ÄDTA-Maßlösung, Pt-Elektroden, Anode mit Tl_2O beschichtet, *Fresenius* 1974).

1.5.4. Aufgabe: Wasserbestimmung nach Karl Fischer

Erforderlich: pH-Meßgerät mit Anschlüssen für KF-Titration bzw. Dead-Stop-Analysen oder selbst zusammengebautes Meßgerät (vgl. *Eberius* 1958, S. 59). Titrieranordnung entsprechend Abbildung 8 (Braunglas für die Bürette B und das Vorratsgefäß V, der Anschluß je eines Trockenturms mit Blaugel an die Trockenröhrchen bei B und V ist günstig). Wägepipette. Glucosemonohydrat. Gelatine. *Karl-Fischer*-Lösung (KFL). Gemisch von Metha-

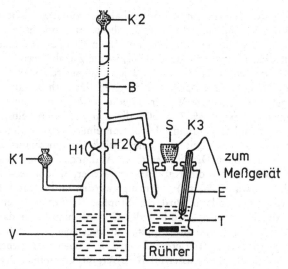

Abb. 8. Titrieranordnung bei der *Karl-Fischer*-Titration (schematisch).
B = Bürette. E = Platindoppelelektrode. H1, H2 = Glashähne. K1--3
= Trockenröhrchen bzw. Stopfen mit Blaugel. S = Stopfen, T = Titrier-
gefäß mit Analysenlösung. V = Vorratsgefäß für Karl-Fischer-Lösung.

nol p. a. und Pyridin p. a. (70 + 30, Vol./Vol.) oder Methanol
allein.

Aufgabe: Der Wassergehalt von Glucosemonohydrat und von
Gelatine soll nach *Karl Fischer* mit voltametrischer Endpunktsindikation (dead-stop-Methode) bestimmt werden.

Ausführung: Die *Karl-Fischer*-Lösung befindet sich im Vorratsgefäß V. Der Stopfen S des Titriergefäßes (Abb. 8) wird kurz
entfernt, um das Magnetrührerstäbchen in das Gefäß zu bringen
sowie mindestens so viel Methanol-Pyridin-Gemisch oder, für nur
wenig geringere Genauigkeit, nur Methanol, daß die beiden Dräh-
te oder Plättchen der Platindoppelelektrode ganz darin eintauchen. Die Bürette wird durch Einblasen von trockener Luft (oder
normaler feuchter, durch einen Trockenturm geleiteter) über K1
gefüllt (H1 öffnen und schließen). Nach Stehenlassen (15 Minuten), Anschalten des Meßgeräts und des Rührers läßt man durch
Öffnen von H2 *Karl-Fischer*-Lösung vorsichtig zutropfen. Der

Ausschlag des Zeigers auf der mV-Skala ist zunächst recht groß (z. B. 400 mV) und sinkt bei der Zugabe eines Tropfens nur wenig. Wenn er stark absinkt (z. B. auf 100 mV) und 30 Sekunden lang auf diesem niedrigen Wert bleibt, ist die Zugabe beendet. Das Methanol und auch das Gefäß sind jetzt wasserfrei. Die Ermittlung des Titers der *Karl-Fischer*-Lösung erfolgt nach Zugabe einer genau gewogenen Menge Wasser. Hierzu benötigt man eine leere Wägepipette (*Schäfer* 1967, S. 30), die man sich auch selbst herstellen kann, indem man ein Glasrohr an einer Seite kapillar auszieht, an der anderen Seite mit einem Stück Gummischlauch überzieht und mit einem Drahthaken (zum Aufhängen an der Waage) versieht. Man taucht die Kapillare in Wasser, so daß etwa 3–4 Tröpfchen (etwa 60–90 mg) aufgesaugt werden und wiegt auf der Analysenwaage. Sodann wird der Stopfen S kurz gelüftet, das Wasser durch Zusammendrücken des Gummischlauchs in das Titriergefäß getropft und die Pipette zurückgewogen. Das wasserhaltige Methanol im Titriergefäß wird wie oben beschrieben titriert. Der Titer (mg Wasser/ml KFL) ergibt sich durch Division der Wasserzugabe durch die verbrauchten ml KFL. In die austitrierte Lösung werden etwa 500 mg Glucosemonohydrat gegeben. Hierzu wiegt man dieses in einem Wägeglas genau und außerdem einen kleinen Pulvertrichter mit langem Rohr, durch den man die Glucose in das Titriergefäß schüttet (Stopfen S nur kurz entfernen). Wägeglas und Pulvertrichter werden zurückgewogen, um anhaftende Glucose zu erfassen. Man titriert mit KFL und vergleicht den gefundenen Wassergehalt (Titer mal KFL) mit dem theoretischen.

Die Wassserbestimmung in der Gelatine erfolgt analog. Man kann sie in der austitrierten Glucoselösung vornehmen oder diese entfernen und neues Methanol einfüllen (muß dieses dann aber vorher von Wasser befreien). Man läßt nach Erreichen des Äquivalenzpunkts 1–2 Stunden lang stehen und titriert dann weiter.

Ergebnis: Während die Bestimmung des Wassergehalts der Glucose bei richtigem Arbeiten genaue Werte bei relativ scharfem Endpunkt ergibt, ist dies bei der Gelatine (und bei anderen makromolekularen bzw. in Methanol unlöslichen Stoffen) nicht so einfach. Der Endpunkt ist schleppend, weil das Wasser erst allmählich durch das Methanol herausgelöst wird. Eine einigermaßen vollständige Bestimmung gelingt erst nach längerem Stehenlassen oder (Zusatzversuch) nach Destillation mit Dioxan (welches mit dem Wasser zusammen in das Titriergefäß gegeben wird; Blindwert für reines Dioxan nötig).

Bemerkungen: Die Titration nach *Karl Fischer* ist die genaueste Wasserbestimmungsmethode, die in der Lebensmittelchemie routinemäßig angewandt wird. Für die Analyse wasserreicher Lebensmittel ist sie allerdings normalerweise zu teuer und umständlich. Für die Zusammensetzung der KFL gibt es verschiedene Vorschriften (vgl. *Jander* 1969, *Schäfer* 1967, *Eberius* 1958), auch ist sie im Handel als eine Lösung oder in zwei getrennten Lösungen (Lösung von SO_2 in Methanol/Pyridin und Lösung von Jod in Methanol, vor Gebrauch mischen) erhältlich. Bei Zusatz von Wasser erfolgt eine Reaktion, die etwa der Gleichung

$$3J_2 + 9C_5H_5N + 4CH_3OH + 3SO_2 + 2H_2O \rightarrow 2C_5H_5N \cdot CH_3SO_4H + C_5H_5N \cdot (CH_3)_2SO_4 + 6C_5H_5N \cdot HJ$$

gehorcht.

Erfaßt wird alles physikalisch gebundene Wasser einschließlich des Kristallwassers. Nur wenige mit Jod reagierende Stoffe stören, allerdings auch Methanol, wenn sich das Pyridin/Methanol-Verhältnis dadurch zu sehr verändert. Außer reinem Wasser eignet sich auch Oxalsäuredihydrat oder wasserhaltiges Dioxan zur Titerstellung.

Da die visuelle Erkennung des Endpunkts (von zitronengelb nach mahagonibraun) relativ schwierig ist, vor allem bei gefärbten Lebensmitteln, verwendet man gerne die elektrometrische Endpunktsindikation. Sie beruht darauf, daß freies Jod als Depolarisator wirkt. Vorher kann praktisch kein Strom fließen. Die Spannung an den Elektroden (Polarisationspotential) ist groß. Sobald freies Jod vorhanden ist, sinkt diese Spannung plötzlich ab, wenn die Stromstärke konstant gehalten wird (*Ohm*sches Gesetz).

1.6. Polarographie. Voltammetrie

1.6.1. Prinzip

Bei der Polarographie werden von einer elektrochemischen Zelle Strom-Spannungskurven (Polarogramme) aufgenommen, wobei die Analysensubstanz elektrolysiert wird (in der Praxis allerdings in so geringem Ausmaß, daß die Zusammensetzung der Analysenlösung nur unwesentlich geändert wird). Eine Elektrode (die Arbeits- oder Meßelektrode) ist eine Quecksilbertropfelektrode und damit polarisierbar, die andere (die Gegen-, Hilfs-, Referenz- oder Bezugselektrode) unpolarisierbar. Legt man eine Spannung an die Elektroden an, die kleiner ist als die Zersetzungsspannung, so fließt praktisch kein Strom. Befinden sich in der Lösung oxidierbare oder reduzierbare Substanzen, so können sie als Depolarisatoren wirken und einen Stromfluß schon bei relativ niedrigen Spannungen bewirken (polarographische Stufe). Da dies jeweils bei einem für den betreffenden Depolarisator charakteristischen Wert der Spannung erfolgt, jeder Depolarisator also seine individuelle Zersetzungsspannung hat, läßt sich diese zur qualitativen Identifizierung benützen. Die dabei auftretende Stromstärke dient zur quantitativen Bestimmung.

Im Prinzip gleich arbeiten die anderen voltammetrischen Verfahren. Hierbei ist aber die Arbeitselektrode eine beliebige (stationäre) Elektrode. Man erhält Voltammogramme.

1.6.2. Geräteaufbau

Er soll am Beispiel der normalen Gleichstrompolarographie (DC-Polarographie, von „direct current") besprochen werden. Als Meßelektrode dient eine Quecksilbertropfelektrode. Sie besteht aus einer Glaskapillare von etwa 0,05-0,1 mm innerem Durchmesser, taucht senkrecht in die Lösung und ist mit einem Quecksilbervorratsgefäß verbunden. Die Tropfzeit beträgt etwa 1-3 Sekunden und läßt sich z. B. über eine Veränderung der Höhe des Vorratsgefäßes beeinflussen. Das Quecksilber muß besonders rein sein. Vorteile der Tropfelektrode sind, daß deren Oberfläche zur Lösung hin (der Tropfen, der die eigentliche Elektrode darstellt) immer wieder neu gebildet wird, so daß keine Nachwirkungen früher an der Elektrode abgelaufener Vorgänge auftreten können, und daß infolge der Kleinheit der Tropfen eine vollständige Polarisierung eintritt. Ein Vorteil des Quecksilbers besteht darin, daß Wasserstoff erst durch große Überspannung (je nach Grundelektrolyt mehr als 1 V) daran freigesetzt wird, so daß die Elektrode auf sehr negative Potentiale polarisiert werden kann, ohne daß eine Störung durch Wasserstoffentwicklung auftritt. Ein Nachteil ist die Gesundheitsgefährdung durch Einatmen der Quecksilberdämpfe. Als Bezugselektrode dient eine Ag/AgCl-Elektrode, eine Kalomelektrode (seltener) oder auch das abgetropfte Quecksilber am Boden des Gefäßes (Hg-Pool, unpolarisierbar wegen der großen Oberfläche: je

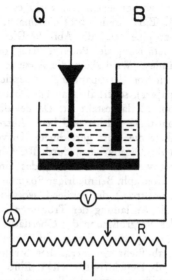

Abb. 9. Schema der Gleichstrompolarographie. Q = Quecksilbertropf-elektrode. B = Bezugselektrode. A = Amperemeter. V = Voltmeter. R = Schiebewiderstand oder Potentiometer.

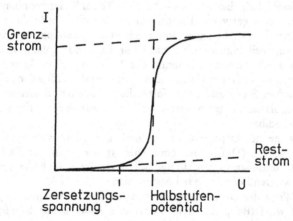

Abb. 10. Polarogramm (normale DC-Methode). I = Stromstärke. U = Spannung.

nach in der Lösung vorhandenem Ion wirkt es als Hg_2Cl_2- oder $HgSO_4$-Elektrode). Ein vereinfachtes Schema der „klassischen" Gleichstrompolarographie zeigt die Abb. 9. Die angelegte Spannung wird durch Betätigung des Potentiometers oder des Schiebewiderstandes verändert. Wird dann die Anzeige des Amperemeters in Abhängigkeit von der Spannung aufgezeichnet (Synchronmotor, Registrierpapier), so erhält man ein Polarogramm, wie es schematisch in Abb. 10 dargestellt ist. Da bei der Bildung jedes Tropfens die Stromstärke wächst und beim Abtropfen sinkt, besteht in Wirklichkeit die glatt gezeichnete Kurve aus Zickzacklinien, auch wenn die Oszillationen durch RC-Glieder im Strommeßkreis gedämpft werden. Das Gerät, das eine solche Kurve zeichnet, heißt Polarograph. Bei niedriger Spannung fließt ein kleiner Reststrom (Grundstrom), der bei der Quecksilbertropfelektrode vor allem durch die Aufladung der Tröpfchen bedingt ist. Diese nehmen infolge der Vergrößerung der Oberfläche bei der Bildung zusätzlich (nichtfaraday'schen) Strom auf. Vom Wert der Zersetzungsspannung ab fließt ein merklicher Strom, weil jetzt die Analysensubstanz als Depolarisator wirkt. Eine oxidierbare Substanz wird dabei oxidiert, wenn die Tropfelektrode ein genügend positives Potential besitzt (bis etwa $+ 0,3$ V gegen die n-Kalomelektrode, darüber geht Quecksilber in Lösung), eine reduzierbare Substanz wird reduziert, wenn die Tropfelektrode ein negatives Potential besitzt (bis $- 1,1$ V in einer 1 n-Säure, bis $- 1,9$ V in ammoniakalischer und bis $- 2,6$ V in Tetraalkylammoniumsalzlösung, bei negativeren Potentialen erfolgt die Abscheidung von Wasserstoff). Der Strom nimmt zunächst bei Erhöhung der Spannung zu, weil immer mehr Ionen zur Elektrode gelangen, dann soll er trotz weiterer Erhöhung der Spannung einen konstanten Wert erreichen. Dieser Grenzstrom entspricht der Höhe der polarographischen Stufe und ist in folgenden Fällen der Konzentration des Depolarisators proportional und somit zur quantitativen Analyse brauchbar:

1. wenn der Depolarisator nur noch durch Diffusion zur Elektrode gelangt (Diffusionsstrom). Dies ist der wichtigste Fall. Da der Diffusionsstrom pro °C um 1–2 % zunimmt, muß die Temperatur während der Analyse konstant sein ($\pm$ 0,5 °C).

2. Wenn der Depolarisator erst in der Elektrodenumgebung gebildet wird (Beispiel: offene Form von Aldosen aus Ringform). Man spricht dann von einem kinetischen Strom.

3. Wenn durch Katalyse die Wasserstoffüberspannung herab-

gesetzt wird oder ein anderer Depolarisator entsteht (katalytischer Strom, oft sehr groß).

Durch Adsorption mancher Depolarisatoren (z. B. Riboflavin) oder Bildung von unlöslichen Salzen mit dem Quecksilber der Tropfelektrode entstehen Adsorptionsströme, die zwar auch analytisch verwendet werden können, aber der Konzentration nicht direkt proportional sind (Eichkurven!).

Ungünstig ist der Migrationsstrom, der durch Wanderung der Ionen des Depolarisators im elektrischen Feld entsteht. Er würde mit steigender Spannung immer größer werden. Um ihn zu verhindern, setzt man der Analysenlösung eine größere Menge eines indifferenten Elektrolyten (Grundelektrolyt, Leitsalz) zu. Er soll außerdem den Spannungsabfall (= R . I) in der Lösung verschwindend klein halten, damit das Potential der Tropfelektrode stets genau der angelegten Spannung folgt und nur von dieser abhängt. Als Leitsalze dienen oft Alkali- oder Ammoniumsalze (mindestens 0,1 molar). Muß man in organischen Lösungen arbeiten, so empfiehlt sich statt dessen die automatische Kompensation des Spannungsabfalls. Es sind Geräte dafür im Handel (z. B. IR-Kompensator der Fa. Metrohm). Ungünstig sind gelegentlich auch Strommaxima, die durch Wirbel in der Nähe der Elektrode oder durch Adhäsion der Lösung an die bewegte Quecksilberoberfläche hervorgerufen werden. Sie können durch grenzflächenaktive Stoffe (z. B. Gelatine) unterdrückt werden. Als Substanzcharakteristikum (qualitative Analyse) dient weniger die Zersetzungsspannung, die etwas von der Konzentration des Depolarisators und auch von anderen Ionen abhängt, als vielmehr das Halbstufenpotential (= Halbwellenpotential), das ungefähr grob dem Redoxpotential entspricht. Liegen mehrere Depolarisatoren in einer Lösung vor, so werden mehrere polarographische Stufen (schräg übereinander, die Stromstärken addieren sich) erhalten. Natürlich können manche Depolarisatoren sehr ähnliche Halbstufenpotentiale besitzen, so daß ungenügende Trennung erfolgt. In solchen Fällen bewährt sich gelegentlich der Zusatz eines Komplexbildners (anstelle des Leitsalzes), z. B. derjenige von CN^- zur besseren Trennung von Cu^{2+} und Bi^{3+}. Störend wirkt oft auch der Sauerstoff, der in den meistens verwendeten wässrigen Lösungen stets vorhanden ist. Er ruft 2 Stufen hervor (Reduktion zu H_2O_2 und H_2O). Er muß meistens entfernt werden, indem man ihn entweder durch Einleiten von Stickstoff vertreibt oder durch Zusatz von Natriumsulfit (in alkalischen Lösungen) oder Ascorbinsäure (in sauren Lösungen) beseitigt. Die quantitative Bestimmung erfolgt entweder mittels Eichkurven oder durch Aufstocken (Zutesten, vgl. Aufgabe 1.6.4.2.). Mehrmalige Analysen in derselben Lösung sind ohne weiteres möglich. Die Konzentration des zu bestimmenden Stoffes in der Analysenlösung soll am günstigsten etwa 10^{-3} bis 10^{-4} molar sein; unter Umständen sind Analysen in 10^{-2} bis 10^{-6} molaren Lösungen möglich.

Andere Arten der Polarographie (es sollen nur die wichtigsten genannt werden) sind:

Rapid-Polarographie. Die Analyse erfolgt schneller (statt in 10 Minuten z. B. in 1 Minute), weil ein rascherer Tropfenfall erzwungen wird, indem die Quecksilbertropfen mehrmals in der Sekunde (z. B. 5 mal) elektromechanisch abgeklopft werden. In den ersten 20 ms des Tropfenlebens wird am besten nicht gemessen (dies ist bei der normalen Polarographie schwieriger), weil hier die Oberfläche des Quecksilbertropfens ungleichmäßig wächst und der (unerwünschte) Kapazitätsstrom am größten ist.

Tast-Polarographie. Hier erstreckt sich die Strommessung nur über die letzten 0,2 Sekunden eines Tropfenlebens. Der Kapazitätsstrom ist besonders gering, der Diffusionsstrom besonders groß.

Drei-Elektroden-Technik. Diese Methode wird dann angewandt, wenn der Elektrolytwiderstand in der Zelle (Meßlösung) relativ groß ist (nichtwässrige Lösungsmittel). Der durch den Stromfluß bedingte Spannungsverlust ist dann groß, die Potentialbestimmung mit Hilfe der einen Gegenelektrode nicht genau möglich. Man benutzt deswegen eine Gegenelektrode (z. B. Kohlenstoffelektrode), die nicht zur Potentialmessung dient, aber den gesamten Stromfluß aufnehmen soll, und außerdem eine Bezugselektrode, die nicht vom Strom durchflossen wird und deshalb genaue Potentialmessungen gestattet (z. B. Ag/AgCl-Elektrode). Ein Potentiostat kann dann den Spannungsverlust kompensieren (iR-Kompensator).

Wechselstrom-Polarographie. Dem Gleichstrom wird eine kleine niederfrequente Wechselspannung (1–60 mV) überlagert. Die Wechselstromquelle befindet sich in Reihe mit der Gleichstromquelle. Nur der Wechselstrom wird verstärkt und gemessen. Vereinfacht ausgedrückt wächst seine Stromstärke-Amplitude mit der Steigung der Gleichstromkurve. Der Schreiber zeichnet also die

1. Ableitung der polarographischen Stufe und somit nicht Stufen, sondern Peaks. Näheres bei *Diemair* (1965). Die Trennung ist besser als bei der Gleichstrom-Polarographie. Neben den grundfrequenten Stromsignalen entstehen auch noch solche der ersten, zweiten und höheren Oberwellen (zweiten, dritten usw. Harmonischen). Diese können phasenselektiv gemessen werden (z. B. AC2-Methode: 2. Harmonische).

Square-Wave-Polarographie. Ähnlich wie bei der Wechselstrom-Polarographie wird der Gleichspannung eine Wechselspannung überlagert, aber keine sinusförmige, sondern eine rechteckförmige. Vorteil: größere Empfindlichkeit.

Pulspolarographie. Je Quecksilbertropfen wird ein rechteckförmiger Impuls einer Gleichspannung überlagert (nicht mehrere wie bei der Square-Wave-Polarographie), und zwar für etwa 20 Millisekunden gegen Ende des Tropfenlebens. Die Methode ist sehr empfindlich (bis 10^{-8} mol/l).

Differential-Polarographie. Es wird mit 2 Meßzellen gearbeitet. Die Quecksilbertropfen tropfen synchron ab, was durch Abklopfer erreicht werden kann. Zwischen beiden Zellen wird von Anfang an eine kleine Potentialdifferenz eingestellt. Es wird die 1. Ableitung $\dfrac{dI}{dU}$ erhalten. Fehler, z. B. durch Verunreinigungen der Lösung, werden eliminiert.

Differentialimpuls-Polarographie (DIP). Während eines Tropfenlebens wird die Differenz der Ströme vor einem überlagerten Impuls und gegen dessen Ende zu gemessen. Sehr empfindlich und störungsfrei.

Kathodenstrahl-Polarographie. Die Messung erfolgt während der Lebensdauer nur eines Tropfens, und zwar am Ende des Wachstums. Innerhalb von 2 Sekunden wird die ganze Kurve aufgenommen. Die Aufzeichnung erfolgt auf einer Kathodenstrahlröhre.

Andere Methoden wie die Derivativ-Polarographie, die substraktive und die vergleichende Polarographie, die potentiostatische Polarographie, die oszillographische Polarographie, die Wechselstrom-Brücken-Polarographie und die Hochfrequenz-Polarographie werden in der Lebensmittelanalytik kaum angewandt. Sie werden von *Diemair* (1965) näher besprochen. Die Methoden nach

Kalousek (vgl. *Heyrovsky* 1965) finden vor allem zur Aufklärung der Elektrodenreaktionen Anwendung. Auch die anderen voltammetrischen Verfahren, die man oft schlechthin als Voltammetrie (im engeren Sinn) bezeichnet, werden meistens nur in der speziellen Forschung angewandt (*Adams* 1969). Als Geräte dienen die Polarographen. Neu ist die Anwendung voltammetrischer Detektoren in der Hochdruck-Säulenchromatographie.

Größere Bedeutung für die Spurenanalyse haben die *inverse Polarographie* (anodic bzw. cathodic stripping polarography) und die *inverse Voltammetrie* erlangt. Man kann damit Konzentrationen bis 10^{-9} mol/l messen. Die interessierenden Stoffe werden hierbei zunächst durch eine genügend hohe Spannung an der Elektrode abgeschieden und damit angereichert. Dann wird die Spannung kontinuierlich gesenkt, wobei sich die Stoffe nacheinander wieder ablösen. Dies führt zu Veränderungen der Stromstärke. Als Elektroden werden für die Inverspolarographie meistens hängende Quecksilbertropfen, für die Inversvoltammetrie Kohlenstoff-Elektroden (Kohlepasteelektroden aus Graphit- oder Kohlepulver, das mit wasserunlöslichen organischen Lösungsmitteln angeteigt ist, oder solche aus glasartigem Kohlenstoff) verwendet.

1.6.3. Anwendung in der Lebensmittelanalytik

Die Polarographie hat einen sehr großen Anwendungsbereich. Von den anorganischen Stoffen sind die meisten Kationen kathodisch reduzierbar, besonders gut diejenigen, die in mehreren Wertigkeiten vorkommen. Einige Anionen, wie z. B. BrO_3^- und JO_3^-, NO_2^- und NO_3^- können ebenfalls reduziert werden. Durch Reaktionen mit der Quecksilbertropfelektrode als Anode sind andere Anionen meßbar, z. B. Cl^-, Br^-, J^-, CN^-, S^{2-}. Von den organischen Stoffen lassen sich z. B. bestimmen: Aldehyde (Acetaldehyd 20mal empfindlicher als mit *Schiffs* Reagens), manche Alkaloide (Chinin, Nicotin) und Vitamine, Amine, zahlreiche Aromastoffe, auch Cumarin, Azoverbindungen, Chinone, Chlorophyll, Chromane, Endiole wie Ascorbinsäure, Halogenverbindungen (Pesticide, Hexachlorophen), Harnstoff, Thioharnstoff und Derivate, sauerstoffhaltige Heterocyclen, Hydrazinderivate, Ketone, ungesättigte Kohlenwasserstoffe (Sterine, Carotin), Mercaptane, Monosaccharide, Nitrile, Nitrosamine, Nitrosoverbindungen, Pyrazine, Saccharin, ferner Proteine und Cystein in Co^{2+}-haltigen Lösungen. Die meisten Reaktionen mit diesen Stoffen verlaufen irreversibel.

Die wichtigste Anwendung in der Lebensmittelanalytik war früher die Spurenbestimmung von Schwermetallen. Sie wird zur Zeit oft mit Hilfe der Atomabsorptions-Spektralphotometrie ausgeführt. In vielen Fällen, besonders in der Routineanalytik von Pb, Cd, Sn, Al u. a. dürfte aber auch weiterhin die (umweltfreund-

Tab. 6. Neuere Vorschriften für polarographische und voltammetrische Bestimmungen

Acetaldehyd/Spirituosen	*Mofidi* (1976)
Antioxidantien, Tocopherole/Fette	*McBride* (1973)
As, Se/verschied. Lebensm.	*Holak* (1976)
Ascorbinsäure/Citrusfrüchte, Getränke	*Lindquist* (1975)
Ascorbinsäure/Kartoffeln	*Davidek* (1974)
Cd, Cu, Pb, Zn/zahlreiche Lebensm.	*Ben-Bassat* (1975), *Collet* (1975), *Holak* (1975), *Mrowetz* (1974)
Cu/Butter	*Mrowetz* (1973)
Emulgatoren/Gebrauchsgegenstände	*Linhart* (1975)
Hydroperoxide/Fette	*Donner-Maack* (1969)
J/Wasser	*Weil* (1975)
Niacin/Vitaminpräparate	*Taira* (1974)
O_2/Wasser	*Kalman* (1969)
O_2/Milch	*Weil* (1975)
Organozinn-Pesticide	*Woggon* (1975)
Pb/Kondensmilch	*AOAC* (1975)
Pb/Milchpulver	*Fiorino* (1973)
Pyridoxin/Vitaminpräparate	*Söderhjelm* (1975)
Saccharin/verschied. Lebensm.	*v. d. Dungen* (1976)
Sn, Fe/Gemüsekonserven	*Eipeson* (1974)
Stärke (über O_2)	*Trop* (1972)
Thiol- u. Disulfidgruppen/Milch	*Mrowetz* (1972)
Tl/Wasser	*Bartley* (1975)
Tocopherole/Margarine, Butter	*Atuma* (1975)
Vitamin A	*Atuma* (1974)

lichere und weniger kostspielige) Polarographie ihren Wert behalten, zumal sie oft genau so gute Ergebnisse liefert (*Fiorino* 1973). Normalerweise muß eine Abtrennung von den organischen Substanzen durch Mineralisierung oder Extraktion erfolgen. Auch organische Stoffe müssen gegebenenfalls abgetrennt werden, z. B. durch Chromatographie (zur Bestimmung von Arzneistoffen aus Dünnschichtchromatogrammen vgl. *Oelschläger* 1967). Bestimmungsmethoden wurden schon für viele Lebensmittel ausgearbeitet (vgl. *Strahlmann* 1964 S. 435, *Diemair* 1965). Die Fundstellen für einige neuere Vorschriften sind in der Tabelle 6 zusammengestellt.

In letzter Zeit wird zur Bestimmung von Spurenstoffen (Vitamine: *Lindquist* u. *Farroha* 1975, Nitrosamine: *Smyth* 1975, Zn/Wasser: *Blutstein* 1976) die Differentialimpuls-Technik, direkt oder invers, empfohlen.

Die Vorteile der Polarographie sind Schnelligkeit, relativ einfaches Arbeiten (gut geeignet für Routinebetrieb) und, z. T. sehr hohe, Empfindlichkeit. *Nachteile* sind, außer der mittelmäßig komplizierten Apparatur, die nicht sehr große *Genauigkeit* (Varianz nach *Diemair* (1965) 1–3 %, bei der Invers-Polarographie 12–25 %, der Square Wave Polarographie 0,2 %, der polarographischen Titration 0,2–1 %). Ein gewisser Nachteil bei der Ausarbeitung neuer Analysenvorschriften, etwa im Vergleich zur Gaschromatographie oder quantitativen Dünnschichtchromatographie, ist es, daß die Festlegung der experimentellen Bedingungen, z. B. die Auswahl des Leitsalzes, der speziellen Methode usw., normalerweise längere Zeit in Anspruch nehmen, da sie zur Zeit noch weniger gut voraussagbar sind. Ein Vorteil ist, daß ein vorhandener Polarograph für amperometrische Messungen und zur Lösung zahlreicher Forschungsprobleme eingesetzt werden kann.

Weiterführende Literatur: Strahlmann (1964), Diemair (1965), *Malkus* (1974). Für inverse Methoden: *Neeb* (1969).

1.6.4. Aufgaben

Vorsicht! Quecksilber ist, besonders als Dampf, giftig. Handhabungsvorschriften beachten (Gebrauchsanweisung des Polarographen, Laboratoriumsbücher, Lehrbücher der Toxikologie). Möglichst kein Quecksilber verspritzen. Polarograph in eine Wanne aus Kunststoff oder emailliertem Metall stellen. Der Raum, in dem der Polarograph steht, sollte einen glatten Boden (ohne Ritzen) besitzen und gut gelüftet werden. Verspritztes Queck-

silber mit zu einem Haken gebogenem Silber- oder amalgamier-
tem Kupferdraht sammeln, in Ritzen mit Schwefelpulver oder
Jodkohle binden, notfalls kleinste Tröpfchen auch mit Heft-
pflaster oder Schwamm aufnehmen, besser an Zinnfolie binden.
Gebrauchtes Quecksilber kann durch Filtration (Glasfiltertiegel
G 2, Papierfilter), Rieseln durch ein langes Glasrohr mit
5–10%iger HNO_3, Waschen mit Wasser und Methanol sowie
durch Destillation (nacheinander) gereinigt werden (s. *Strahlmann*
1964, S. 425). Normalerweise empfiehlt es sich, dies durch eine
Lieferantenfirma ausführen zu lassen.

1.6.4.1. Qualitative Analyse (Blei neben Cadmium).
Vergleich verschiedener Techniken

Erforderlich: Polarograph, an dem mit möglichst vielen Techniken gearbeitet werden kann. Bezugselektrode Ag/AgCl. Rein-
ster Stickstoff. Pipetten 1 ml, 20 ml. Lösung von etwa 270 mg
$Cd(NO_3)_2 \cdot 4H_2O$ und 160 mg $Pb(NO_3)_2$ in 1 l Wasser, 2 n-KCl-
Lösung.

Aufgabe: In einer Blei und Cadmium enthaltenden Lösung sind
die einzelnen Metallionen zu identifizieren. Die Brauchbarkeit verschiedener Techniken soll dabei überprüft werden.

Ausführung: In das Polarographiegefäß werden 20 ml 2 n-KCl-
Lösung pipettiert. Dann entlüftet man, indem man 5 Minuten
lang in langsamem Strom (etwa 1 Blase/Sekunde) Stickstoff durch-
leitet. Zur Probe auf genügend langes Entlüften fährt man einmal
den Spannungsbereich durch. Falls die erhaltene Grundlinie nicht
gerade ist, muß weiter entlüftet werden. Dann pipettiert man 1 ml
Cd/Pb-Lösung ein, entlüftet wieder etwa 5 Minuten lang und
polarographiert z. B. unter folgenden Bedingungen:

Gleichstrompolarographie (DC): Anfangsspannung – 250 mV.
Spannungsbereich bis – 1000 mV. Stromempfindlichkeit 1 · 10⁻⁸
A/mm.

Rapid-Technik. Zusätzlich: Tropfgeschwindigkeit 2,5 Tropfen/
Sekunde.

Puls-Technik: Zusätzlich: Pulsbasisspannung z. B. 1200 mV.
Pulsdauer z. B. 0,4 Sekunden.

*Wechselstrompolarographie der ersten bzw. zweiten Harmoni-
schen AC1 und AC2.* Anfangsspannung, Spannungsbereich und

Stromempfindlichkeit wie bei DC. Amplitude der Wechselspannung 10 mV (Frequenz 75 Hz). Phasenwinkel 0°. *Rapid-Technik* wie oben.

Tast-Polarographie: Stromempfindlichkeit $6 \cdot 10^{-9}$ A/mm. Amplitude 20 mV.

Je nach gewählter Methode erhält man je 2 Stufen oder Peaks. Aus einem Lehrbuch (z. B. *Kortüm* 1962, S. 501) entnimmt man die Halbstufenpotentiale für Pb und Cd und vergleicht mit den gefundenen Werten.

Ergebnis: Das Halbstufenpotential von Pb liegt bei -450 mV, dasjenige von Cd bei -640 mV. Es entspricht jeweils der Reduktion zu den Metallen in neutraler oder saurer Lösung. Stufen erhält man bei der DC. Bei der Normaltechnik erschweren die Zakken eine Erkennung der beiden Stufen. Deutlich besser ist die Trennung bei der DC-Rapid-Technik. Noch besser angezeigt werden die unterschiedlichen Ionen mit der Wechselstrompolarographie. Bei der AC1 sieht man große, deutlich getrennte Peaks, die bei der Normalmethode aus Zacken bestehen, bei der Rapid- und der Tast-Technik glatt sind. Die AC2 ergibt für jedes Ion einen Doppelpeak (Ausschlag nach oben und unten).

Bemerkung: Zur quantitativen Bestimmung zieht man bei der DC die Stufenhöhe heran (Aufg. 1.6.4.2.). Bei der AC1 wird die Peakhöhe, bei der AC2 das Lot von einer Peakspitze zu der durch die andere Peakspitze gezogenen Parallele zur Grundlinie benutzt. Am besten würden sich im vorliegenden Fall die Rapid- oder Tast-Techniken von AC1 und AC2 eignen.

1.6.4.2. *Quantitative Analyse. Ascorbinsäure in Orangensaft*

Erforderlich: Polarograph, an dem möglichst mit der Puls-Rapid-Technik gearbeitet werden kann. Bezugselektrode Ag/AgCl. Pipette 25 ml. Möglichst genaue Pipette 1 ml (z. B. Enzympipette). Meßkolben 100 ml. Pufferlösung pH = 4,64 (1,2 g Essigsäure [Eisessig] und 0,4 g NaOH mit Wasser auf 100 ml auffüllen und mit Hilfe einer Glaselektrode und Eisessig oder NaOH den pH-Wert genau einstellen). Lösung von 1 g Oxalsäure-Dihydrat in 1 l entlüftetem (evakuiertem) dest. Wasser. Ascorbinsäure. Orangensaft.

Aufgabe: Der Gehalt an Ascorbinsäure in einem Orangensaft ist zu bestimmen. Dabei sollen verschiedene Eichzusatz-Methoden verglichen werden.

Ausführung: Zur Herstellung des Eichstandards löst man 50 mg Ascorbinsäure in der Oxalsäurelösung und füllt auf 100 ml auf. Diese Lösung ist täglich frisch herzustellen. Einstellungen am Gerät (Puls-Rapid-Technik): Anfangsspannung: + 200 mV. Spannungsbereich: bis – 500 mV. Stromempfindlichkeit: $1 \cdot 10^{-8}$ A/mm. Evtl. Pulsbasisspannung 1200 mV. Pulsdauer 0,4 Sekunden. Tropfgeschwindigkeit möglichst 2,5 Tropfen/Sekunde. Papiervorschub 12,5 mm/Sekunde.

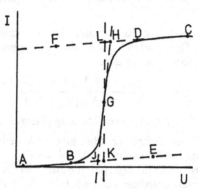

Abb. 11. Ermittlung der Stufenhöhe aus einem Polarogramm. Bezeichnungen vgl. Text und Abb. 10.

1. Einfacher Eichzusatz. In das Polarographiegefäß werden 25 ml Pufferlösung pipettiert. Dann entlüftet man wie in Aufg. 1.6.4.1., pipettiert 1 ml Orangensaft ein, entlüftet wieder etwa 5 Minuten lang und polarographiert unter den angegebenen Bedingungen. Dies wiederholt sich nach Zusatz von 0,5 oder 1 ml Eichstandard. Die erhaltenen polarographischen Stufen werden wie folgt ausgewertet: Man verlängert (vgl. Abb. 11 und *Strahlmann* 1964) die Äste AB und CD der polarographischen Kurve bis etwa zu den Punkten E und F. Dann zeichnet man im Wendepunkt G die Tangente an die Kurve, die die Verlängerungen in H und J schneidet. Man mißt HJ und fällt von dem Halbierungspunkt, der oft mit G zusammenfällt, das Lot auf die U-Achse. Dieses schneidet die Verlängerungen in K und L. Der Abstand KL ist die gesuchte Stufenhöhe. Der Gehalt berechnet sich nach folgender Formel:

$$c_A = \frac{c_E V_E h_A (V_A + V_p)}{V_A (h_{AE} [V_A + V_p + V_E] - h_A [V_A + V_p])}$$

Dabei bedeutet:

c_A = Konzentration im Orangensaft (mg/l)
c_E = Konzentration des Eichstandards (500 mg/l)
V_A = Volumen des Orangensafts (1 ml)
V_E = Volumen des Eichzusatzes (ml)
V_p = Volumen der Pufferlösung (25 ml)
h_A = Stufenhöhe bei der ersten Messung (Orangensaft)
h_{AE} = Stufenhöhe bei der zweiten Messung (Orangensaft + Eichzusatz)

Man kann auch die Reihenfolge des Zusatzes umkehren, also zuerst den Eichstandard, dann den Orangensaft zugeben. Die Berechnungsformel lautet dann:

$$c_A = \frac{c_E V_E [h_{AE} (V_E + V_p + V_A) - h_E (V_E + V_p)]}{h_E V_A (V_E + V_p)}$$

h_E = Stufenhöhe der ersten Messung (Eichzusatz).

2. Zweifacher Eichzusatz. Man gibt in denselben Ansatz (25 ml Pufferlösung) nacheinander je 0,5 ml Eichstandard, Orangensaft, Eichstandard und polarographiert nach jeder Zugabe. Der Gehalt im Orangensaft berechnet sich nach folgender Formel:

$$c_A = \frac{129,9 (h_{EAE} - h_A) + 6475 (h_{EA} - h_E)}{13 (h_{EAE} - h_A) + 0,25 (h_{EAE} - h_E)}$$

h_E = Stufenhöhe bei der 1. Messung (nur Eichzusatz)
h_{EA} = Stufenhöhe bei der 2. Messung (Eichzusatz + Orangensaft)
h_{EAE} = Stufenhöhe bei der 3. Messung (Eichzusatz + Orangensaft + Eichzusatz)

Diese Formel gilt nur, wenn die oben angegebenen Konzentrationen und Volumina genau eingehalten werden. Die allgemeine Formel ist ziemlich kompliziert. Sie kann aus der Arbeit von *Woggon* und *Schnaak* (1965) abgeleitet werden.

Ergebnis: Die Bestimmung ist einfach und schnell auszuführen. Die Reproduzierbarkeit ist schlechter als bei der Titration mit

2,6-Dichlorphenolindophenol (*Strohecker* 1963, S. 236). Bei einem Praktikumsversuch (je 9 Bestimmungen desselben Orangensafts) wurden relative Standardabweichungen von 2,1–2,2 % für die Polarographie und 0,9–1,6 % für die Titrimetrie gefunden. Die erwähnte titrimetrische Methode führt aber in vielen Lebensmitteln zu ungenauen Werten, weil Störungen durch andere reduzierende Substanzen auftreten.

Bemerkung: Freie schweflige Säure stört die Bestimmung, weil ihre polarographische Stufe sich derjenigen der Ascorbinsäure überlagert. Die Störung kann durch Zusatz von Acetaldehyd beseitigt werden (*Diemair* 1961).

1.6.4.3. Inverse Polarographie. Bestimmung der Blei- und Cadmiumlässigkeit von Bedarfsgegenständen

Erforderlich: Polarograph mit Einrichtung für die inverse Polarographie (z. B. mit stationärer hängender Quecksilbertropfenelektrode, bestehend aus Vorratsgefäß und Kapillare, und Magnetrührer, beispielsweise Metrohm Polarecord E 506 mit Polarographiestand E 505 und Zusatzausrüstung BM 5-03). Bezugselektrode: Ag/AgCl. Hilfselektrode: Ag/AgCl oder Pt. Mikropipette. Pipetten 1 ml, 20 ml. Gefäß aus Glas (z. B. Bleikristall), Porzellan oder Keramik, das vermutlich Pb und Cd enthält. Stoppuhr. Essigsäure (4 %). 1 n-HCl. Cd/Pb-Lösung wie für Versuch 1.6.4.1. Alle Lösungen sollten besonders rein sein.

Aufgabe: Es soll festgestellt werden, wieviel Blei bzw. Cadmium aus einem Bedarfsgegenstand von 4%iger Essigsäure innerhalb von 24 Stunden herausgelöst werden.

Ausführung: Das Gefäß wird 24 Stunden lang mit der Essigsäurelösung extrahiert (Lösung einfüllen oder Gefäß eintauchen, bei Zimmertemperatur stehen lassen). In das Polarographiegefäß werden das Rührerstäbchen und 20 ml 1 n-HCl gegeben und nach dem Entlüften (vgl. Aufg. 1.6.4.1.) 1 ml der Essigsäurelösung. Dann wird wieder entlüftet. Der von der vorherigen Bestimmung her an der Kapillare der Arbeitselektrode hängende Quecksilbertropfen wird abgeschlagen und ein neuer erzeugt (z. B. durch definiertes Drehen einer Mikrometerschraube in dem Vorratsgefäß). Nach dem Abstellen des Stickstoffs beginnt man mit der Elektrolyse, während welcher gleichzeitig mit einem Magnetrührer gerührt wird. Die Zeitdauer der Elektrolyse ist stets genau 1 Minute zu wählen. Dann stellt man den Rührer ab, wartet genau 1 Minute und nimmt dann das Polarogramm auf. Stromempfindlichkeit während der Elektrolyse $2,5 \cdot 10^{-9}$ A/mm. Schreiber während der Elektrolyse abstellen. Bedingungen für die Polarographie: DC (Stellung rapid). Anfangsspannung -800 mV. Spannungsbereich bis -300 mV.

Anschließend werden 0,02 ml der Cd/Pb-Lösung in die Analysenmischung pipettiert. Die inverse Polarographie wird nach dem Entlüften wiederholt, wobei ein neuer gleich großer Quecksilbertropfen herzustellen ist.

Ergebnis: Wenn Blei und Cadmium vorhanden sind, zeigen sich schon im ersten Polarogramm zwei Peaks bei etwa -450 mV und -640 mV. Diese Peaks sehen ähnlich aus wie die 1. Ableitung eines normalen Polarogramms. Die Berechnung erfolgt analog Aufgabe 1.6.4.2. (einfacher Eichzusatz), wobei als h_A und h_{AE} die Peakhöhen (Lot von der Peakspitze auf die Verbindungslinie der Minima neben dem Peak, entsprechend dem Abstand B in Abb. 17, Band 1, S. 33) eingesetzt werden. Sind diese beiden Peakhöhen zu sehr voneinander verschieden (z. B. um eine Größenordnung), so sollte die Analyse mit einer anderen Menge der Standardlösung wiederholt werden.

Bemerkungen: Die hier geschilderte Methode ist keine amtliche Vorschrift. Üblich ist vielfach noch die Heißextraktion (30 Minuten) mit kochender verdünnter Essigsäure, doch dürfte sich in Zukunft die Kaltextraktion durchsetzen. Sinnvoll wäre es auch, die Extraktion unter möglichst ähnlichen Bedingungen auszuführen, wie sie bei normalem Gebrauch herrschen.

Der Quecksilbertropfen muß für jede Analyse neu gebildet werden und von derselben Größe sein. Es ist auch günstig, immer mit demselben Volumen an Analysenlösung, demselben Gefäßunterteil und demselben Rührstäbchen zu arbeiten sowie die Temperatur konstant zu halten. Wichtig ist die Wartung des Kapillarzylinders (s. Gebrauchsanweisung).

Während der *Elektrolyse* besitzt das Quecksilbertröpfchen ein genügend negatives Potential. Es werden amalgambildende Stoffe daran abgeschieden, also außer Cd und Pb auch andere Elemente. Von diesen könnten Cu, Sb und As gegebenenfalls auch mit bestimmt werden, andere mit anderen Leitelektrolyten bzw. Komplexbildnern. Reproduzierbare Ergebnisse erhält man nur bei genauem Einhalten der Rührgeschwindigkeit, Rührzeit und Pau-

senzeit. Während der *Polarographie* wird das Potential kontinuierlich positiv gemacht. Deshalb lösen sich die Stoffe nacheinander wieder ab.

1.7. Amperometrie
1.7.1. Prinzip

Wie die Voltametrie wird auch die Amperometrie überwiegend
zur Endpunktsbestimmung bei Titrationen benützt. Arbeitet man
mit einer polarisierbaren Elektrode (wie bei der Polarographie),
so spricht man auch von „Amperometrie" im engeren Sinn, liegen
zwei polarisierbare, gleichartige Elektroden vor, von „Bi-Ampero-
metrie", „Dead-stop-Verfahren" oder „Polarisationsstromtitra-
tion". Von den an der Titrationsreaktion beteiligten Stoffen müssen entweder (a) Analysensubstanz oder (b) Reagens, gelegentlich
können auch, wenn ein nichtdepolarisierend wirkendes Reaktionsprodukt entsteht (c), beide, depolarisierend wirken.

Je nachdem wird die gemessene Stromstärke analog der Potentialdifferenz bei der Voltametrie im Verlauf der Titration (a) bis
auf den Reststrom absinken, (b) vom Äquivalenzpunkt an ansteigen oder (c) im Äquivalenzpunkt minimal sein (vgl. *Strahlmann* 1964, S. 447). Wie bei der konduktometrischen Titration
kann man von wenigen Meßpunkten aus interpolieren.

1.7.2. Geräteaufbau

Der Aufbau der Geräte entspricht ungefähr dem bei der Polarographie. Es können Polarographen direkt verwendet werden. Eine
Elektrode ist eine tropfende Quecksilberelektrode oder eine ro-
tierende oder vibrierende Metallelektrode. Die vorgegebene Spannung soll im Potentialbereich des Diffusionsstroms (horizontaler
Teil der polarographischen Stufe vor dem Endanstieg) liegen.

Die für die Dead-stop-Methode verwendeten Geräte sind im
Prinzip einfacher konstruiert als die zur normalen Amperometrie
benötigten. Als Elektroden können 2 blanke Platindrähte (in
einem Glasrohr eingeschmolzen, unten herausragend) dienen. Die
an den Elektroden angelegte konstante Spannung liegt im Bereich
von etwa 10–100 mV. Sowohl als Stromquelle als auch als emp-
findliches Amperemeter werden oft dieselben (Verstärker-)Geräte
benützt, wie sie für die Potentiometrie (pH-Messung) Verwendung
finden.

1.7.3. Anwendung in der Lebensmittelanalytik

Einige Literaturstellen für die Bestimmung von Lebensmittel-bestandteilen bringt die Tab. 7. Weitere finden sich bei *Strahl-mann* (1964). Es handelt sich vor allem um Redoxtitrationen, wobei jodometrische Titrationen im Vordergrund stehen. Jod kann dabei, z. B. aus Äthyljodid, Brom z. B. aus Bromid an der Anode elektrolytisch erzeugt werden. Die wohl wichtigste An-wendung in der Lebensmittelanalytik ist die Endpunktsanzeige bei der Wasserbestimmung nach *Karl Fischer*.

Tab. 7. Einige Vorschriften zur Bestimmung von Lebensmittelbestand-teilen mittels Amperometrie

Lebensmittel-bestandteil	Lebensmittel	Reaktionspartner	Literaturstelle
$KBrO_3$	Mehl	KJO_3	vgl. *Strahlmann* (1964), S. 448
SO_2	Wein	J^-	vgl. *Strahlmann* (1964), S. 448
unges. Fett-säuren (Jodzahl)	Fette	Br_2	vgl. *Strahlmann* (1964), S. 448
SH-Gruppen	Fleisch	$AgNO_3$	*Hofmann* (1970, 1971)
Disulfid-gruppen	Fleisch u. a. Lebensm.		*Hofmann* (1974, 1975)
Bedarf an Kaliumhexa-cyanoferrat (II)	Wein	$K_4[Fe(CN)_6]$	*Siska* (1974)
K^+(indirekt)	Asche	$TlNO_3$ (für Tetra-phenyloborat)	*Siska* (1975)

Vorteile der amperometrischen Titration: genauer und empfind-licher als Polarographie, rascher und empfindlicher als Potentio-metrie, weniger störanfällig und vielseitiger als Konduktometrie.

Nachteil: Störung durch Substanzen, die leichter reduziert oder oxidiert werden als die Analysensubstanz oder das Reagens.

Weiterführende Literatur: Kraft (1972).

1.7.4. Aufgabe: Wasserbestimmung nach Karl Fischer
(Biamperometrie)

Erforderlich: Amperometer, Polarograph oder (am günstigsten) pH-Meter, das eine konstante Spannung von 10–100 mV liefern kann. Titrieranordnung und Zubehör wie bei Aufgabe 1.5.4.

Aufgabe: wie Aufgabe 1.5.4.

Ausführung: Analog Aufgabe 1.5.4. (zwei gleichartige Platinelektroden). Das Anzeigegerät wird als Amperemeter geschaltet. Im Gegensatz zur voltametrischen Indikation ist jetzt anfangs der Ausschlag des Zeigers sehr klein. Nach vollständiger Umsetzung des Wassers schlägt er stark aus.

Bemerkungen: Solange alles zugeführte Jod umgesetzt wird, fließt nur ein kleiner Reststrom. Nach Umsetzung des Wassers wirkt das freie Jod depolarisierend. Deshalb steigt jetzt die Stromstärke beträchtlich an. Vgl. im übrigen Aufgabe 1.5.4.

1.8. Coulometrie
1.8.1. Prinzip

Man kann die Coulometrie überspitzt, aber anschaulich als „Titration mit Elektronen" bezeichnen. Der Name kommt von *Coulomb*, der Einheit für die Elektrizitätsmenge (Strommenge).

Diese ist
$$Q = \int I \cdot dt$$
und, nach dem *Faraday*'schen Gesetz

$$Q = \frac{F \cdot G \cdot n}{M}$$

(F = Faraday-Konstante (= $\varepsilon \cdot N_0$, ε = Elementarladung,
N_0 = Avogadrozahl) = 96 485 Cb = elektr. Ladung eines Äquivalents)
der Gewichtsmenge G eines an den Elektroden umgesetzten Stoffes vom Molgewicht M proportional (n ist die Wertigkeitsänderung bei der Umsetzung).

Wird also eine Substanz quantitativ umgesetzt, so wird eine bestimmte Strommenge verbraucht. Mißt man diese, so läßt sich die Menge der Substanz berechnen.

1.8.2. Geräteaufbau. Meßmethoden

Die Messung kann erfolgen

a) bei *konstanter Spannung,* die so gewählt wird, daß nur der zu bestimmende Stoff elektrolytisch umgesetzt wird (potentiostatische Coulometrie). Ein *Vorteil* dieser Methode ist, daß der Endpunkt gut zu erkennen ist, weil dann der Stromfluß praktisch aufhört, *Nachteile* sind, daß die Analyse lange dauert und daß die Strommenge relativ schlecht zu messen ist.

b) bei *konstantem Strom* (coulometrische Titration, galvanostatische Coulometrie), wobei meistens der zu bestimmende Stoff nicht direkt umgesetzt wird. Es wird oft eine genau bestimmte Menge eines Reagens an einer Elektrode erzeugt, das dann mit dem zu bestimmenden Stoff reagiert.

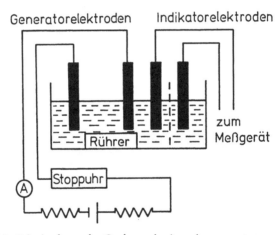

Abb. 12. Prinzipschema der Coulometrie. A = Amperemeter.

Die Abbildung 12 zeigt ein Prinzip-Schaltschema (Methode b). Der *Vorteil* dieser Methode ist, daß sich die Elektrizitätsmenge relativ leicht messen läßt ($I \cdot t$), der *Nachteil,* daß der Endpunkt schlecht erkannt werden kann, weil dann andere Substanzen (bei der anderen Spannung) umgesetzt werden. Die Endpunktsanzeige erfolgt deshalb mit einer anderen empfindlichen elektrometrischen Methode (z. B. dead-stop-Verfahren). Die käuflichen Geräte für die Coulometrie (Coulostaten, coulometrische Analysatoren, Coulo-

meter genannt, wobei letzterer Ausdruck nicht mit demjenigen für
die klassischen Coulometer verwechselt werden darf, in denen nur
die Strommenge, z. B. durch Abscheidung eines Metalls, gemessen
wird) sind meist für beide Arten der Coulometrie eingerichtet. Bei
Verwendung als Potentiostat wird z. B. (Coulostat E 524 der
Fa. Metrohm) das Potential der Arbeitselektrode im Bereich von
0 bis ± 3999 mV gegen eine Referenzelektrode konstant gehalten,
bei Verwendung als Galvanostat kann die Reagenserzeugung mit
Stromstärken von 0,048 bis 482,5 mA erfolgen. Im ersten Fall muß
$\int$ Idt meistens über einen Schreiber oder Integrator ermittelt
werden.

1.8.3. Anwendung in der Lebensmittelanalytik

Meistens wird die galvanostatische Methode verwendet. Einige
neuere Anwendungen sind in der Tab. 8 zusammengestellt. Weitere finden sich bei *Strahlmann* (1964). Microcoulometer werden
gelegentlich als Detektoren in der Gaschromatographie benutzt.

Tab. 8. Neuere Anwendungen der Coulometrie in der Lebensmittelanalytik

Art der Bestimmung	Lebensmittel	elektrolytisch erzeugte Substanz	Literaturstelle
Kjeldahl-Stickstoff	verschiedene	Br_2	*Boström* (1974) *Christian* (1966)
Peroxidzahl	Fett	–	*Fiedler* (1974)
α-Tocopherol		Va(V)	*Cospito* (1974)
Sauerstoff	Wasser	J_2	*Karlsson* (1974)
Nitrit	Fleisch-produkte	J_2	*Karlsson* (1974 a)
Ascorbinsäure	Citrussaft	J_2	*Karlsson* (1975)

Vorteile: große Genauigkeit (relative Standardabweichung im
mg-Bereich 0,1–1 %), leicht zu automatisieren.

1.8.4. Aufgabe: Bestimmung des Kjeldahl-Stickstoffs von Gelatine

Erforderlich: Coulometer. pH-Meter mit Glaselektrode. Poten-
tiograph mit Doppelplatinblechelektrode (alle 3 Geräte entspre-

chend gekoppelt, s. Gebrauchsanweisung). Mikro-Kjeldahl-Kolben (ersatzweise ein größerer; Substanzmengen und Verdünnung dann vergrößern, vgl. *Sültemeier* 1975). Becherglas 100 ml. Meßkolben 100 ml. Gelatine. HgO/K_2SO_4-Katalysatormischung: 3 g HgO mit 100 g K_2SO_4 verreiben. konz. Schwefelsäure. konz. Salpetersäure. 0,1 m-Boraxlösung. 5 m-Kaliumbromidlösung. Lösung von 2 % Agar-Agar in gesättigter KCl-Lösung (beim Herstellen erwärmen). NaOH. 2 n-HCl.

Aufgabe: Der Stickstoffgehalt von Gelatine ist nach Kjeldahl-Aufschluß durch coulometrische Bestimmung in Anlehnung an eine Vorschrift der Fa. Metrohm (Application Bulletin No. A 53 d) zu bestimmen.

Ausführung: a) Aufschluß. 0,1 g Gelatine, 1,2 g HgO/K_2SO_4-Katalysatormischung und 6 ml konzentrierte Schwefelsäure werden in einem kleinen Kjeldahl-Kolben so lange erhitzt, bis die Lösung klar und farblos geworden ist. Die feste Substanz soll dabei stets von der Schwefelsäure bedeckt sein (sonst ist mehr davon zu verwenden).

b) Coulometrie. Die Generatorzelle des Coulometers wird einige Sekunden lang in konz. Salpetersäure getaucht und anschließend gut mit dest. Wasser gespült. Man gibt 10 ml Boraxlösung und 5 ml Kaliumbromidlösung in die Zelle und elektrolysiert kurze Zeit. Nach gründlichem Spülen mit Wasser ist die Zelle betriebsbereit.

Der unterste Teil des Kathodenraums wird 5 mm hoch mit Agar-KCl-Lösung bedeckt, um ein Herausdiffundieren von reduzierter Substanz zu verhindern. Die Aufschlußlösung wird mit Wasser in ein Becherglas (100 ml) gespült, das schon etwas Wasser enthält, auf etwa 50 ml verdünnt (Vorsicht, Spritzer!) und mit NaOH auf pH 6 eingestellt. Dann spült man in einen Meßkolben (100 ml) und füllt zur Marke auf. 5 ml dieser Lösung werden in das Titriergefäß des Coulometers pipettiert, mit 15 ml Boraxlösung und 6 ml KBr-Lösung versetzt und mit 2 n-HCl auf pH 8,6 eingestellt (Glaselektrode). In den Kathodenraum der Generatorzelle wird Borax-KBr-Lösung (1 + 1) eingefüllt. Man coulometriert mit einer Stromstärke von 20 mA und folgenden Einstellungen am Potentiographen: Spannungsbereich 1000 mV, Gegenspannung + 200 mV, Pol. Spannung 200 mV, Empfindlichkeit 5 μA/50 mV (vgl. Gebrauchsanweisung des Geräts), bis (am pH-Meter, das als Amperometer dient) ein starker Ausschlag erfolgt. Die Zeit vom Einschalten des Coulometers ab wird über die Anzeige am Potentiographen oder (falls ohne Schreiber gearbeitet wird) mit der Stoppuhr gemessen.

In gleicher Weise wird ein Blindwert (mit allen Reagentien, ohne Erhitzen im Kjeldahlkolben) ermittelt.

c) Berechnung. Da bei der Coulometrie NH_3 zu N_2 oxidiert wird (n = 3), folgt aus den unter 1.8.1. angegebenen Gleichungen

$$G = \frac{I \cdot t \cdot 14}{3 \cdot 96\,485} \text{ (mg N pro coulometrischer Bestimmung).}$$

und unter Berücksichtigung des Blindwerts $(I \cdot t)_B$

$$G = [(I \cdot t) - (I \cdot t)_B] \cdot 48{,}4 \text{ (ng N pro coulometrischer Bestimmung)}$$

Dies ist noch auf die Einwaage und das einpipettierte Volumen umzurechnen.

Ergebnis. Bemerkungen. Als Stickstoffgehalt der (luftfeuchten) Gelatine findet man 15,5–16,0 %. Der Versuch kann auch mit einer beliebigen anderen organischen stickstoffhaltigen Substanz ausgeführt werden. Je nach Stickstoffgehalt werden 0,1–1 g eingewogen. Der aliquote Teil der Aufschlußlösung, der für die Coulometrie eingesetzt wird, soll höchstens 1 mg Stickstoff enthalten. Bei geringen Gehalten wird eine geringere Stromstärke bis 1 mA (nie weniger!) vorgegeben.

Die Vorgänge beim *Kjeldahl*-Aufschluß werden im Band 4 dieser Reihe näher besprochen. Sie führen zu einer Mineralisierung aller organischen Stickstoffverbindungen, wobei Ammoniak gebildet wird. Die gebräuchlichen Katalysatormischungen nach *Wieninger* oder *Hadorn* können hier nicht verwendet werden, weil Se die Coulometrie stört. Man findet deswegen oft etwas zu niedrige Werte.

Bei der Coulometrie wird aus Br^- anodisch Br_2 erzeugt, das in alkalischer Lösung Br^- und BrO^- liefert. Letzteres setzt sich mit Ammoniak nach der Gleichung

$$2\,NH_3 + 3\,BrO^- \rightarrow 3\,Br^- + N_2 + 3\,H_2O$$

um. Überschüssiges BrO^- verursacht die amperometrische Anzeige.

Die Berechnung des Stickstoffgehalts kann auch so erfolgen, daß eine Eichsubstanz von bekanntem Stickstoffgehalt (z. B. Harnstoff) zusätzlich analysiert wird. Die Gehalte sind dann bei gleichen Verdünnungen und gleichen Stromstärken den gemessenen Titrierzeiten proportional. Empfehlenswert ist auch eine zusätzliche Bestimmung des Ammoniaks mittels der klassischen Methode in der Apparatur nach Parnas-Wagner (vgl. *Rauscher* 1972, S. 109). Im Vergleich damit ist ein Vorteil der coulometrischen Arbeitsweise der Wegfall von Titerstellungen bei Normallösungen, ein Nachteil die kostspieligere Apparatur. Zur Reproduzierbarkeit vgl. auch *Sültemeier* (1975).

1.9. Elektrophorese

1.9.1. Prinzip. Theorie

Als Elektrophorese bezeichnet man die Wanderung echt oder kolloidal gelöster elektrisch geladener Teilchen unter dem Einfluß eines elektrischen Feldes. Trotz mancher äußerlicher Ähnlichkeiten mit der Chromatographie handelt es sich prinzipiell nicht um eine chromatographische Methode, weil im Idealfall keine Verteilung zwischen 2 Phasen stattfindet, sondern lediglich die unterschiedliche *Wanderungsgeschwindigkeit* der Teilchen zu einer Trennung führt. Die Vorgänge sind dieselben wie bei der Elektrolyse, doch vermeidet man bei der Elektrophorese die Abscheidung der zu trennenden Substanzen an den Elektroden (Zusatz von Leitsalzen in Form eines pH-Puffers).

Man kann die elektrophoretischen Verfahren nach verschiedenen Prinzipien einteilen. Üblicherweise wird zwischen der *Zonenelektrophorese* (Analysensubstanzen liegen bei Versuchsende als getrennte Zonen vor) und der *Methode der wandernden Grenzflächen* (*Tiselius*-Elektrophorese) unterschieden. Nur die Zonenelektrophorese ist für die lebensmittelchemische Praxis von Interesse. Man kann sie wieder unterteilen in Zonenelektrophorese im engeren Sinn (nur eine Art von Puffer bzw. Elektrolyt), Disk-Elektrophorese, Isoelektrische Fokussierung, Porengradienten-Elektrophorese, Dichtegradienten-Elektrophorese und Isotachophorese. Die beiden letztgenannten Methoden (und die *Tiselius*-Elektrophorese) werden normalerweise als *trägerfreie Elektrophorese* (Elektrophorese in homogenem Medium, wobei aber Puffer- und Dichtegradienten vorhanden sein können) ausgeführt, während bei den anderen Methoden meistens eine Trägersubstanz anwesend ist (Elektrophorese in heterogenem Medium). Diese *Trägerelektrophorese* ist für die Lebensmittelanalytik am wichtigsten. Als Trägersubstanzen dienen Säulen, welche mit Trägersubstanzen gefüllt sind, dünne Schichten (meistens Papier) und Gele in Blockform, z. B. Polyacrylamidgel.

Die Theorie der Elektrophorese soll zunächst am Beispiel der trägerfreien dargestellt werden; später wird auf die Unterschiede und Besonderheiten der Elektrophorese mit Trägern eingegangen. Auf ein Ion, welches sich in einem elektrischen Feld befindet, wirkt eine konstante Kraft ein, welche das Ion zu einer gleichmäßig beschleunigten Bewegung veranlaßt. Gleichzeitig nimmt aber auch die Reibung zu, und nach etwa 10^{-13} sec ist die vom elektrischen Feld auf das Ion ausgeübte Kraft gleich groß der entgegengesetzt gerichteten *Stokes*chen Reibungskraft. Von jetzt ab bewegt sich das Ion gleichförmig entsprechend dem Schwerpunktsatz.

Aus dem 1. *Coulomb*schen und dem *Stokes*schen Gesetz läßt sich herleiten, daß die Wanderungsgeschwindigkeit des Ions v proportional $\dfrac{z_i \cdot E}{\eta \cdot r}$ ist. Dabei bedeuten:

z_i = Ladungszahl
E = elektr. Feldstärke
η = Viskosität des Mediums
r = Radius des Ions.

In manchen Lehrbüchern wird auch die Ionenbeweglichkeit $u = \dfrac{v}{E}$ als Wanderungsgeschwindigkeit bezeichnet.

Die Wanderungsgeschwindigkeit v hängt also ab:
1. von der Ladungszahl. Entscheidend ist die effektive Ladungszahl, also diejenige, welche nach außen wirkt, z. B. bei Proteinen die Überschußladung. Durch pH-Änderung und Dissoziation wird sie verändert. Es gibt also einen optimalen pH-Wert für Trennungen. Deshalb arbeitet man in Pufferlösungen. Die effektive z_i wird durch den Relaxationseffekt verkleinert. Er besteht darin, daß bei der Bewegung des Ions die zugehörige Ionenatmosphäre (z. B. Hydratation durch die Wassermoleküle) in der Wanderungsrichtung stets neu aufgebaut, hinter dem Ion aber abgebaut wird. Da hierzu eine, wenn auch kurze, Zeit nötig ist, tritt vor dem Ion ein Mangel und hinter dem Ion ein Überfluß an Ladungsdichte auf, und zwar sammelt sich hinter dem Ion ein Überschuß entgegengesetzter, vor dem Ion ein solcher gleichnamiger Ladungen. Dies bewirkt eine Bremsung des Ions, welche um so stärker ist, je schneller das Ion wandert.

2. von der elektrischen Feldstärke $E = \dfrac{U}{d}$.

Da die Spannung U in Volt, der Abstand der Elektroden d in cm gemessen wird, wird auch die Feldstärke bei einer Elektrophorese in Volt · cm⁻¹ angegeben: man dividiert die angelegte Spannung durch die Entfernung der Elektroden. Eine Erhöhung der Spannung bewirkt eine Erwärmung, denn nach dem *Ohm*schen Gesetz gilt

$$U = R \cdot I,$$

nach dem *Joule*schen Gesetz

$$Q \sim R \cdot I^2$$

(Q = Wärmemenge).

Infolge der Erwärmung kann bei der Elektrophorese auf Trägern das Lösungsmittel verdunsten, wobei eine Sogströmung auftreten kann und sich pH und Ionenstärke ändern können. Bei stärkerer Erwärmung kann der Träger verbrennen. Deshalb muß von einer Feldstärke von etwa 20 V/cm an (Hochspannungselektrophorese) gekühlt werden. Eine Erwärmung kann auch eintreten, wenn R kleiner wird (weil dann bei gleichem U die Stromstärke I ansteigt), etwa durch eine Erhöhung der Ionenstärke

$$\mu = \frac{1}{2} \sum c_i z_i^2 \, ,$$

(c_i = Konzentration, z_i = Ladungszahl eines individuellen Ions), z. B. wenn eine stark ionisierte Pufferlösung verwendet wird. Deshalb sind nicht alle Pufferlösungen geeignet. Die Ionenstärke sollte etwa zwischen 0,01 und 0,1 liegen.

3. von der *Viscosität*. Diese wird kleiner mit steigender Temperatur (pro 1 °C ergibt sich eine etwa 3 % größere Wanderungsgeschwindigkeit), größer mit steigender Ionenstärke.

4. vom *Radius* des Ions. Dieser ist größer als die Formel angibt, da die Hydrathülle teilweise mitgeschleppt wird und von derjenigen der Gegenionen gebremst wird: *Debye-Hückel-Effekt* (elektrophoretischer Effekt).

Die hauptsächlich verwendeten *Träger* kann man folgendermaßen einteilen:

1. relativ dünne Schichten

1.1. Papier (wie für die Papierchromatographie).

Vorteil: bequem zu handhaben und anzufeuchten.

1.2. Celluloseacetatfolie (z. B. Cellogel®).
Vorteil: adsorbiert weniger als Papier, da Struktur aufgelockerter (größere Poren), dadurch schnellere, kürzere und schärfere Trennung. Vor allem für Proteine vorteilhaft.

1.3. Dünnschichten wie bei der Dünnschichtchromatographie.
Vorteil: Kühlung ist effektiver als bei Papier. Deshalb höhere Feldstärken möglich. Detektionsmöglichkeiten sind besser als auf Papier, wenn anorganische Träger verwendet werden.

2. dicke Schichten, Säulen, Blöcke.

2.1. Polyacrylamidgel. Es wird meistens frisch polymerisiert, läßt sich somit gut in die Apparatur bringen und in gewünschtem Polymerisationsgrad herstellen.

2.2. Agar-Gel, Agarose-Gel. Es wird vor allem zur Immuno-elektrophorese verwendet.

2.3. Stärkegel. Wird nur selten verwendet, z. B. als Block, um Enzyme oder andere Proteine zu trennen.

Nach den verwendeten Trägern unterscheidet man Papier-, Dünnschicht- und Gelelektrophorese. Arbeitet man in Säulen, so spricht man von Säulenelektrophorese.

Gegenüber der trägerfreien Elektrophorese treten bei der Träger-Elektrophorese Veränderungen der Wanderungsgeschwindigkeit infolge von Elektroosmose, Sogströmung durch Verdunsten, Adsorption und vor allem auch dadurch auf, daß die Ionen nicht mehr den direkten Weg zur Elektrode einschlagen können, sondern einen mehr oder weniger gewundenen Weg um die Partikel des Trägers herum einschlagen müssen. Als *Elektroosmose* (Endosmose) bezeichnet man die Wanderung ungeladener Substanzen im elektrischen Feld. Sie ist stark abhängig von der Art des Trägers und des Puffers, von Feuchtigkeit, Ionenstärke, Feldstärke und Temperatur. Sie kann so stark werden, daß langsam wandernde Protein-Anionen in schwach alkalischen Pufferlösungen zur Kathode verschoben werden, ist aber nicht immer störend, sondern kann auch zur Verschärfung der Fronten der Analysensubstanzen führen. Es wird vermutet, daß sie durch elektr. Ladungen auf dem Träger zustandekommt (daher besonders groß bei Cellulose, aber auch Glasfasern). Die Adsorption ist stärker bei großen Ionen und zu Beginn des Versuchs und läßt sich dadurch erkennen, daß man dieselbe Analysensubstanz zunächst in der einen, dann anschließend in der anderen Richtung laufen läßt (bei Abwesenheit von Adsorption läuft sie wieder vollständig zurück).

Diese Veränderungen führen dazu, daß die Wanderungsgeschwindigkeiten bei der Träger-Elektrophorese nur 0,5–1,0 mal so groß wie bei der trägerfreien und theoretisch nur sehr umständlich zu berechnen sind. Man identifiziert deswegen in der Praxis wie bei der Chromatographie die zu analysierenden Substanzen möglichst mit Hilfe gleichzeitig daneben aufgetragener Vergleichssubstanzen. Ist dies bei derselben Analyse nicht möglich, so können auch die Wanderungsgeschwindigkeiten (praktisch: Strecken) bei verschiedenen Analysen verglichen oder R_x-Werte (bezogen auf eine dritte jeweils mitlaufende Substanz) berechnet werden (wie bei der Durchlaufchromatographie, vgl. Bd. 2, S. 32, 107).

1.9.2. Geräteaufbau. Spezielle Techniken

Der Aufbau von Elektrophoresegeräten kann sehr verschiedenartig sein. Gemeinsam sind ihnen lediglich 2 Elektroden (meistens aus Platin, selten aus Kohle). Dazwischen befindet sich bei der Säulenelektrophorese eine Säule, sonst eine mehr oder weniger dicke Schicht. An die Elektroden soll eine konstante Spannung angelegt werden. Will man niedermolekulare Stoffe trennen, so muß man dies wegen der Zonenverbreiterung durch Diffusion in relativ kurzer Zeit ausführen. Man legt deshalb oft eine Feldstärke von über 20 V/cm an (Hochspannungselektrophorese). Die dann nötige Kühlung (s. o.) bedingt eine wesentlich aufwendigere Apparatur. Die Kühlung kann durch Eintauchen in ein Kühlmedium erfolgen oder, bei der Schichtelektrophorese häufiger, durch Auflegen auf eine, z. B. mit Methanol gekühlte Fläche (Glasplatte). Ein Abschluß der Elektrophoresekammer ist zumindest bei der Hochspannungselektrophorese nötig, um Verdunsten zu vermeiden und Unfälle zu verhüten. Ein Schema einer einfachen Anordnung (Niederspannungselektrophorese) zeigt die Abbildung 13.

Bei der *Zonenelektrophorese* im engeren Sinn ist das ganze System überall mit derselben Art von Elektrolyt (Pufferlösung) ausgestattet. Die Probe wird in der Mitte (falls Anionen und Kationen getrennt werden sollen) oder jedenfalls nicht ganz an einem Ende aufgegeben. Trennungen in beiden Richtungen sind möglich. Jedes Ion bewegt sich mit konstanter Geschwindigkeit. Die bevorzugte Anwendung erfolgt bei horizontal gelagerten Schichten. Das Aufbringen der Analysensubstanz sowie die Auswertung (Detektion, quantitative Bestimmung) erfolgt ähnlich wie bei der Dünnschicht- oder Papierchromatographie (vgl. Band 2 dieser Reihe).

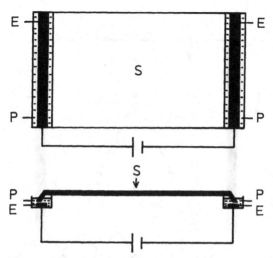

Abb. 13. Schema einer einfachen Apparatur zur Zonenelektrophorese. Obere Skizze: Blick von oben. Untere Skizze: Blick von der Seite. E = Elektroden. P = Wanne mit Pufferlösung. S = Schicht (Papier, Dünnschicht, Gel).

Ein Nachteil ist, daß infolge von Diffusion unscharfe Zonen erhalten werden. Die Zonenelektrophorese kann (ebenso wie andere elektrophoretische Verfahren) mit der Chromatographie kombiniert werden, indem man je in einer „Dimension" (Band 2, S. 60) elektrophoretisch und chromatographisch trennt oder eine getrennte Zone auf ein neues Pherogramm oder Chromatogramm überträgt (am einfachsten mit dem betreffenden abgetrennten Teil des Trägers). Trennt man in einer Dimension elektrophoretisch und führt senkrecht dazu eine Antigen-Antikörper-Reaktion aus (Serum parallel der Wanderungsstrecke auftragen), so spricht man von *Immunoelektrophorese*.

Ein zweidimensionales Verfahren ist auch die *Ablenkungselektrophorese*, als Trägerelektrophorese eigentlich eine Kombination mit der absteigenden Chromatographie. Ihr Schema ist in der Abbildung 14 dargestellt. Durch eine vertikal angebrachte Schicht (Papier) fließt die Pufferlösung freiwillig nach unten entsprechend der absteigenden Papierchromatographie. Ionen werden bei gleichzeitig senkrecht dazu angelegtem elektrischem Feld unter einem bestimmten Winkel wandern, der von der elektrophoretischen

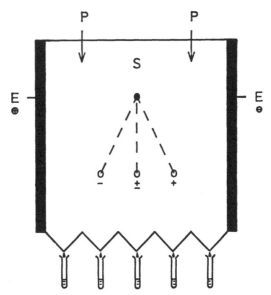

Abb. 14. Schema der Ablenkungselektrophorese. E = Elektroden. P = Pufferlösung. S = Schicht (Papier). • = Auftragepunkt, o = getrennte Substanzen. Unten sind schematisch Sammelröhrchen dargestellt, in die der Puffer (später mit Analysensubstanzen) tropft.

Wanderungsgeschwindigkeit und von der Strömungsgeschwindigkeit des Puffers abhängt. Sie wandern schräg nach unten (werden „abgelenkt"). Das Verfahren kann trägerfrei gestaltet werden. Die Pufferlösung fließt dann frei an einer Platte nach unten (Vorteil: keine Adsorption, daher Trennung von großen Molekülen und Teilchen wie Chloroplasten, Mitochondrien möglich). Es läßt auch in jedem Fall die *kontinuierliche Elektrophorese* zu, wie sie auf der Abbildung 14 ebenfalls angedeutet ist. Man trägt die Analysenmischung kontinuierlich im Auftragepunkt auf, die zu trennenden Substanzen bilden Streifen entlang der punktierten Linien. Am unteren Rand der Schicht können sie getrennt aufgefangen werden. Das Verfahren eignet sich also auch zur präparativen Isolierung.

Die *Disk-Elektrophorese* hat ihren Namen von der Verwendung eines diskontinuierlichen Puffer- und Gelsystems. Sie kann ebenso wie die normale Zonenelektrophorese mit Gelen als Kombination von Gelchromatographie mit Elektrophorese aufgefaßt werden. Ein vereinfachtes Schema der Apparatur zeigt die Abbildung 15. Die Gele werden üblicherweise kurz vor der Analyse in den Röhrchen oder Platten (im letzteren Fall würde die Abb. 15 eine Betrachtung von der Seite her darstellen) polymerisiert, und zwar, wenn wie üblich die Trennung später vertikal von oben nach unten erfolgen soll, unten als engporiges (stark vernetztes) Trenngel, oben als weitporiges (schwach vernetztes) Sammelgel. Darüber wird die Analysenmischung angebracht, nachdem sie mit den Monomeren gemischt wurde, welche zu einem weitporigen Gel polymerisiert werden. Im Unterschied zur Zonenelektrophorese wird also die Probe an einem Ende aufgegeben. Im weitporigen Sammelgel sollen später die zu trennenden Substanzen (auch nicht geladene können wandern, ähnlich wie bei der Ablenkungselektrophorese) zu einer scharf begrenzten Zone gesammelt werden (daher auch Konzentriergel genannt), im Trenngel voneinander getrennt. Man verwendet normalerweise Polyacrylamidgel, das aus Acryl-

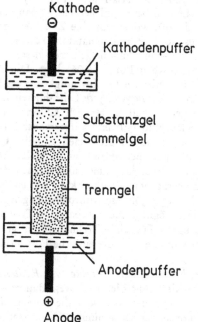

Abb. 15. Schema der Disk-Elektrophorese.

amid und N,N'-Methylen-bis-acrylamid (Vernetzer, normalerweise unter 10 % zugegeben) durch radikalische oder Photopoly-
merisation hergestellt wird. Im letzten Fall gibt man meistens
unter 0,01 % Riboflavin zu und bestrahlt mit einer Glüh- oder
UV-Lampe. Als radikalischer Polymerisationskatalysator dient
meistens Ammoniumpersulfat (unter 10 %), dessen Zersetzungs-
produkte eventuell vor der Analyse durch Elektrophorese entfernt werden müssen. Die Porengröße hängt vom Verhältnis
Acrylamid : Vernetzer ab (vgl., auch zur Trennwirkung der Gele,
Band 2, S. 3, 11). Vorteile des Polyacrylamids sind die chemische
und thermische Stabilität, das weitgehende Fehlen von Adsorption
und Elektroosmose sowie die gute Reproduzierbarkeit der Darstellung. Die Trennwirkung des diskontinuierlichen Puffersystems
soll (nach *Maurer*) an einem speziellen System (Trennung von
Proteinen) erklärt werden. Enthalten alle Gelsorten Chloridionen
(Leitionen), herrscht in den weitporigen Gelen ein pH-Wert von
6,7, im Trenngel von 8,9 und sind Kathoden- sowie Anodenpuffer
identisch aus Glycin und Tris-Puffer (pH 8,3) zusammengesetzt,
so wandert das Leition beim Anlegen einer Spannung schnell nach
unten (der Anode zu), wobei sich eine Zone geringerer Leitfähigkeit dahinter ausbildet. Das Glycinat-Ion (Folgeion) wandert viel
langsamer im Probe- und Sammelgel, weil dessen pH-Wert nahe
bei seinem isoelektrischen Punkt (6,06) liegt. Die Proteine haben
im Sammelgel eine mittlere Geschwindigkeit zwischen Leit- und
Folgeion, werden aber, da geringere Leitfähigkeit hohe Feldstärke
bedeutet, sozusagen schnell hinter den Chloridionen hergezogen
und so konzentriert und teilweise aufgetrennt. Im Trenngel, das
noch genügend niedermolekulare Ionen enthält (Cl^- und später
auch Glycinat, das jetzt bei pH 8,9 viel schneller wandert), wandern die Proteine wieder langsamer und werden dadurch gut getrennt. Die hervorragende Trennwirkung ist ein hauptsächlicher
Vorteil der Disk-Elektrophorese. Mikrotrennungen mit weniger als
1 μg Protein sind möglich, auch präparative Trennungen (in speziellen Apparaturen). Für viele Trennprobleme genügt aber statt
der Disk-Elektrophorese auch die einfache Polyacrylamidgel-Elek-
trophorese.

Die *Porengradienten-Elektrophorese* (vgl. *Rodbard* 1971) unterscheidet sich von der Disk-Elektrophorese dadurch, daß nur eine
Art von Puffer verwendet wird und die Porengröße des Gels in
Trennrichtung kontinuierlich abnimmt. Die Zonen der Analysensubstanzen werden während der Elektrophorese laufend schärfer,

weil der hintere (obere) Rand schneller wandert als der vordere, kommen aber schließlich praktisch zum Stillstand, weil das Gel zu dicht wird.

Die *Isotachophorese* hat ihren Namen daher, daß (im Endzustand) Banden mit „gleicher Geschwindigkeit wandern". Sie läßt sich mit der Methode der wandernden Grenzflächen vergleichen. Gearbeitet wird meistens ohne Träger in engen Röhren (15–20 cm lang, 0,5 mm ⌀), die 2 verschiedene Elektrolytlösungen enthalten. Die eine enthält ein „Leition" hoher, die andere ein „Endion" niedriger Wanderungsgeschwindigkeit. Die Analysenmischung wird dazwischen injiziert. Ähnlich wie bei der Disk-Elektrophorese wandert das Leition zunächst, bei gleicher elektrischer Feldstärke, allen Analysenionen voraus, das Endion hinterdrein. Im Laufe der Trennung stellt sich eine unterschiedliche Feldstärke in den einzelnen Zonen ein. Dies begünstigt die Ausbildung scharfer Zonen. Zusatz eines „Spacers" (Ampholyt) ergibt oft besseren Trenneffekt. Die getrennten Substanzen können durch Detektoren (UV, Konduktometer) nachgewiesen werden.

Bei der *Isoelektrischen Fokussierung (IEF)* wird zwischen Anode und Kathode ein stabiler pH-Gradient errichtet. Beim Anlegen der Spannung wandern die Analysensubstanzen zu den Stellen, die den pH-Wert ihres isoelektrischen Punktes aufweisen. Dabei werden sie konzentriert (fokussiert). Die Kombination (zweidimensional) mit der Zonenelektrophorese (in Natriumdodecylsulfat enthaltenden Puffern zur Trennung nach dem Molekulargewicht) wird *Mapping-Technik* genannt (*Stegemann* 1970).

Man arbeitet normalerweise in Säulen oder Dünnschichten. In Säulen kann ohne festen Träger gearbeitet werden. Günstig ist dann aber zur Verhinderung von Konvektion ein Dichtegradient, der meistens mit Saccharoselösungen eingestellt wird. Gebräuchlicher in der Lebensmittelanalytik ist die Gelelektrofokussierung, bei der als Träger (ähnlich wie bei der Disk-Elektrophorese) Polyacrylamidgel verwendet wird. Dessen Vorteil ist hier außerdem, daß Ausfällungen von Analysenbestandteilen nicht so sehr stören wie bei der trägerfreien Fokussierung. Nachteile sind, daß der isoelektrische Punkt schlechter zu messen ist und daß präparatives Arbeiten schlecht möglich ist.

Das Gel wird wie bei den anderen Arten der Gelelektrophorese durch Polymerisation in der Säule oder einer Dünnschichtkammer erzeugt. Auch fertige Platten (Ampholine®-PAGplate) sind im Handel. Der Ausgangslösung werden schon etwa 2 %/o (manchmal genügt 1 %) eines Trägerampholyten beigegeben, der später den pH-Gradienten bilden soll. Bewährt haben sich z. B. Gemische von Aminocarbonsäuren mit Molekulargewichten von 300–600 (Ampholine®) und der allgemeinen Struktur

$$-CH_2-N-(CH_2)_x-N-CH_2-$$

$$\begin{array}{cc} (CH_2)_x & R \\ | \\ NR_2 \end{array}$$

x = 2 oder 3
R = H oder $(CH_2)_x$ – COOH

oder von Polyaminen und Verbindungen mit Amin-, Imin-, Carboxyl-, Sulfo- und Phosphogruppen (Servalyt®).

Sie wandern beim Anlegen der Spannung zu den Stellen, die ihren isoelektrischen Punkten entsprechen und stellen dort den betreffenden pH-Wert ein. Sie müssen eine ausreichende Pufferwirkung besitzen, damit die pH-Werte durch die Analysenlösung nicht verändert werden, und den gesamten gewünschten pH-Bereich lückenlos (ohne „elektrolytisches Vakuum") überstreichen. Für bestimmte pH-Bereiche gibt es spezielle Mischungen (z. B. pH 3–10, pH 3–5, pH 4–6 usw.). Damit keine Reaktion dieser Trägerampholyte mit den Elektroden stattfindet, werden besondere leitende Anoden- und Kathodenflüssigkeiten empfohlen.

Die Analysensubstanz kann gelegentlich auch schon der Lösung vor der Polymerisierung beigegeben werden. Meistens wird sie nachher zugesetzt. Vertikales Arbeiten ist im Gegensatz zur Disk-Elektrophorese nicht günstiger. Die Detektion und Auswertung erfolgt ähnlich wie bei dieser, wobei aber Proteine vorher fixiert werden müssen (mit Essigsäure/Äthanol/Wasser oder Trichloressigsäure), weil sich die Trägerampholyte ebenfalls mit Proteinfarbstoffen anfärben und gründlich ausgewaschen werden müssen.

1.9.3. Anwendung in der Lebensmittelanalytik

Die elektrophoretischen Verfahren werden in der Lebensmittelchemie vor allem zum Nachweis, weniger häufig auch zur quantitativen Bestimmung elektrisch geladener Substanzen oder solcher, die sich leicht in elektrisch geladene überführen lassen (Borat- und Molybdat-Komplexe von Zuckern, J_3^--Komplex von Stärke) angewandt. Besonders gut eignen sie sich zur Analytik von Proteinen (Nachweis des Zusatzes von Fremdproteinen, Unterscheidung verschiedener Proteine, Erkennung von Veränderungen, wie Denaturierung), aber auch von Aminosäuren (Vortrennung), Aminen, Säuren und anorganischen Ionen. Die Elektrophorese wird, vor allem in der Forschung, zur Charakterisierung von Substanzen (insbesondere von Proteinen: isoelektrischer Punkt) oder Lebensmitteln (Protein-Mapping) benutzt, wobei z. B. verschiedene Sorten (Kartoffelatlas nach *Stegemann*) unterschieden werden können, und auch zur präparativen Gewinnung von Reinsubstanzen (Enzyme, Enzyminhibitoren).

Proteinkomplexe können getrennt werden (z. B. Casein: *Kirchmeier* 1975). In Detergentien (Natriumdodecylsulfat) oder Harnstoff bzw. Guanidiniumchlorid enthaltenden Puffern ist die Bestimmung des Molekulargewichts der einzelnen Proteine möglich (z. B. *Bietz* 1972). Schließlich kann die Reinheit von z. B. Proteinen überprüft werden (*Peterson* 1971). Der Nachweis von Komplexbildung zwischen zwei Komponenten, von denen mindestens eine im elektrischen Feld wandert, ist, z. B. durch die Kreuz-Elektrophorese nach *Nakamura*, möglich. Übersichten geben *Belitz* (1965), *Ney* (1974) und (bezüglich der Celluloseacetat-Elektrophorese) *Scheuermann* (1971). Die Tab. 9. bringt Beispiele für die Anwendung spezieller Arten der Elektrophorese.

Die allgemeinen *Vorteile* der elektrophoretischen Verfahren sind Schnelligkeit (bei niedermolekularen Substanzen im Vergleich mit Dünnschicht- und Papierchromatographie, bei makromolekularen im Vergleich mit der Gelchromatographie) und, im Vergleich mit den chromatographischen Verfahren, zum Teil (Disk-Elektrophorese, Isoelektrische Fokussierung) erheblich größere Empfindlichkeit, wobei die Nachweisgrenze bei den einzelnen Analysensubstanzen und Analysenverfahren jeweils sehr unterschiedlich ist. Günstig ist ferner, daß die Abtrennung aus den Lebensmitteln meist sehr gut verläuft, so daß wenig oder keine Aufarbeitung nötig ist. Dies hängt aber auch mit einem fundamentalen *Nachteil* der Methode zusammen: sie ist nur bei elektrisch geladenen Substanzen anwendbar. Deshalb lohnt sich die Anschaffung der teureren Geräte (IEF, Disk) nur, wenn solche Substanzen öfters analysiert werden müssen.

Weiterführende Literatur

Papier-Elektrophorese: *Belitz* (1965), *Clotten* (1962), *Wunderly* (1959).
Gel-Elektrophorese, Isoelektrische Fokussierung: *Allen* (1974), *Righetti* (1976).
Disk-Elektrophorese: Maurer (1971).

Tab. 9. Beispiele für die Anwendung spezieller Arten der Elektrophorese in der Lebensmittelanalytik

Analysensubstanzen	Lebensmittel	Literatur
Dünnschicht-Elektrophorese		
Aminosäuren		*Menzel* (1972)
biogene Amine	Fisch u.	*Fücker* (1974)
	-erzeugnisse	
Enzyme	grüne Bohnen	*Delincée* (1975)
Polyacrylamidgel-		
Elektrophorese		
Proteine:		
Eigelb	Eiklar	*Feillet* (1973)
Lagerveränderungen	Eiklar	*Koehler* (1974)
	Erdnuß	*Srikanta* (1974)
Sortenunterschiede	Wein	*Ebermann* (1972)
	Fleisch	*Spell* (1974)
Disk-Elektrophorese		
Pektine		*Stein* (1975)
Proteine:		
Milch	Fleisch-	*Lotz* (1973)
	erzeugnisse	
Sortenunterschiede	Bier	*Ten Hoopen* (1973)
	Trauben	*Drawert* (1974)
	Weizen	*Nitsche* (1976)
Veränderungen		
durch Hitze	Ei	*Chang* (1970)
Isoelektrische Fokussierung		
Enzyme	grüne Bohnen	*Delincée* (1975)
Proteinaseinhibitoren	Kartoffeln	*Kaiser* (1974)
Proteine:		
Sortenermittlung	Obst, Gemüse	*Drawert* (1972)
	Trauben	*Radola* (1972)
Weichweizen	Hartweizen	*Windemann* (1973)
Isotachophorese		
Proteine	Kirschsäfte	*Everaerts* (1974)
	(unterschiedl.	
	Behandlungs-	
	methoden)	
Säuren	Modellgemische	*Ryser* (1976)
Stärkegel-Elektrophorese		
Molkeneiweiß	Milchpulver	*Koning* (1971)

1.9.4. Aufgaben

Die unter 1.9.4.1. und 1.9.4.2. beschriebenen Aufgaben können sowohl mit Hoch- als auch mit Niederspannung ausgeführt werden. Außer der Spannung ist jeweils die Zeitdauer zu variieren. Normalerweise erfolgen Trennungen von niedermolekularen Substanzen besser durch Hochspannungselektrophorese, solche von Proteinen oft besser durch Niederspannungselektrophorese.

1.9.4.1. Hochspannungs-Zonenelektrophorese

Vorsicht! Hochspannung ist lebensgefährlich. Nicht alleine arbeiten. Gebrauchsanweisung beachten. Die im Handel befindlichen Geräte besitzen Schutzvorrichtungen, die das Arbeiten nur bei geschlossener Apparatur erlauben. Trotzdem: niemals ein Pherogramm anfassen, das unter Strom steht. Wenn ein Unfall eintritt, soll der Helfer als erstes den Strom abstellen. Bewußtlose so schnell wie möglich in ein Krankenhaus bringen.

1.9.4.1.1. Vergleich von Papier- und Dünnschichtelektrophorese

Farbstoffe.

Erforderlich: Gerät zur Hochspannungselektrophorese (z. B. nach *Wieland* und *Pfleiderer*, Fa. Hormuth u. Vetter, Heidelberg). Papierbogen zur Elektrophorese (35 × 20 cm). Papierstreifen (2,5 × 35 cm). Platinblockelektroden. Blutzuckerpipette. 1 schmale Handwalze (Gummiwalze). 1 breite Handwalze oder 2 Bogen Chromatographiepapier. Leinenlappen, Dialyseschlauch-Membranfolien. Dünnschichtplatte mit Kieselgur. Sprühapparat für Chromatographie (vgl. Band 2, S. 53). Größere Wanne zum Tränken des Papierbogens. Lösung einer Mischung von Gelb E 102, Rot E 126 und Blau E 132 in Wasser (je 1 g/l). Lösung einer Mischung von Rot E 126 und Rot E 127 in Wasser (je 1 g/l). Puffer pH 9,2 : 0,05 m Boraxlösung (2 l).

Aufgabe: Anhand der Trennung eines Farbstoffgemischs sollen die Methoden der Papier- und der Dünnschichtelektrophorese demonstriert werden.

Ausführung: a) Papierelektrophorese. Auf dem Papierbogen wird, ähnlich wie bei der Papierchromatographie, die Startlinie (4 cm von einem schmalen Rand entfernt), und auf dieser werden 2 Auftragestellen (je 5 cm breit, Abstand 5 cm) mit Bleistift angezeichnet. Dann wird der Papierbogen durch eine Wanne gezogen, in welcher sich der Puffer befindet. Das Entfernen der überschüssigen Flüssigkeit kann mit Hilfe einer breiten Gummiwalze erfolgen. Man legt den Papierbogen am besten auf eine Kunststoffplatte, fährt mit der Walze darüber und drückt dadurch die überschüssige Flüssigkeit weg. Es gibt auch Geräte (Prinzip Wäschemangel), bei denen die überschüssige Flüssigkeit durch Hindurchpressen zwischen zwei Walzen entfernt wird. Statt dessen kann man aber auch den getränkten Papierbogen zwischen 2 trockene Bogen Chromatographiepapier legen und kurz andrücken. Jedenfalls sollte der Bogen nicht mehr tropfnaß, sondern nur noch feucht sein, so daß die Farbstofflösung beim Auftragen nicht wesentlich auseinanderfließt. Dann legt man den Bogen auf die schon vorher auf $-5\,°C$ gekühlte Glasplatte der Apparatur, trägt mit der Pipette je einen feinen Strich der Farbstofflösungen auf die Auftragestellen auf und preßt mit Hilfe der schmalen Gummiwalze oben und unten die Membranschläuche mit den Leinenlappen an, welche schon vorher in den beiden Schalen mit Puffer getränkt wurden. Abdeckplatten werden darübergelegt, um Verdunstungen zu vermeiden. Der Stromanschluß erfolgt so, daß die Startlinie nahe der Kathode zu liegen kommt (die Farbstoffe wandern im Basischen als Anionen). Die Elektrophorese erfolgt 1 Stunde lang bei 500 V (25 V/cm).

b) Dünnschicht-Elektrophorese. Auf die Dünnschichtplatte wird, 5 cm vom unteren Rand entfernt, je ein Strich der Farbstofflösungen (5 cm breit, möglichst schmal) aufgetragen. Dann wird die Platte mit dem Puffer besprüht, wobei die Auftragstelle nicht zu feucht werden soll. Die Platte wird auf die gekühlte Glasplatte der Apparatur gelegt. Oben und unten wird je ein mit Puffer getränkter und durch einfaches Abwalzen von der überschüssigen Flüssigkeit befreiter Papierstreifen (2,5 × 35 cm) gelegt, darauf die Platinblockelektroden, darüber Glasplatten. Stromanschluß und weitere Bedingungen erfolgen wie bei a).

Ergebnis: Die Farbstoffe trennen sich vom Start weg in der Reihenfolge E 132 – 102 – 126 bzw. E 127 – 126. Die Trennung auf der Dünnschicht ist nicht besser, oft schlechter.

Bemerkungen: Der Versuch eignet sich gut, um die Methoden kennenzulernen, weil die Trennsubstanzen stets zu sehen sind. Für die Trennung der Farbstoffe in der analytischen Praxis benutzt man besser die weniger aufwendige Papier- oder Dünnschichtchromatographie (vgl. Band 2, S. 68, 98). Während bei der Dünn-schicht- und Papierchromatographie oft punktförmig aufgetragen wird, trägt man bei der Schichtelektrophorese meistens strich-förmig auf, weil hierbei die einzelnen Zonen der getrennten Sub-stanzen schärfer zu sehen sind.

1.9.4.1.2. Ermittlung des isoelektrischen Punktes von Ovalbumin

Erforderlich: Gerät zur Hochspannungselektrophorese. Mehrere Papierstreifen (5 × 35 cm und 5 × 2,5 cm). Platinblockelektro-den. Wanne. Bechergläser. Walzen. Blutzuckerpipette. Lösung von Ovalbumin in Wasser (1 g/l). Puffer pH 1,9: Ameisensäure 150 ml, Essigsäure 100 ml, Wasser 750 ml. Puffer pH 3,0: 2 n-Ameisen-säure 5 ml, 2 n-Essigsäure 450 ml, Wasser ad 1000 ml. Puffer pH 4,6: 0,1 m-Kaliumhydrogenphthalat 100 ml, 0,2 m-NaOH 90 ml, Wasser 800 ml. Puffer pH 9,2: 0,05 m-Boraxlösung. Lösung von etwa 1 g Amidoschwarz 10 B in 90 ml Methanol und 10 ml Eisessig. Methanol/Eisessig (9 + 1). Essigsäure 5 %.

Aufgabe: Die Ermittlung des isoelektrischen Punkts eines Pro-teins soll am Beispiel des Ovalbumins demonstriert werden.

Ausführung: Je 1 Streifen (5 × 35 cm) und 2 Streifen (2,5 × 5 cm) werden mit einer Pufferlösung getränkt und von der über-schüssigen Flüssigkeit entsprechend Aufgabe 1.9.4.1.1. befreit. Dann werden die längeren Streifen nebeneinander, aber mit Abständen von mindestens 1 cm, auf die gekühlte Glasplatte gelegt. Oben und unten kommt je ein Streifen (2,5 × 5 cm), welcher den benachbar-ten nicht berühren soll. Auf diese Streifen werden die Platinblock-elektroden gelegt. Aufgetragen wird in der Mitte ein schmaler Strich der Ovalbuminlösung. Die Elektrophorese dauert 2–3 Stun-den bei 1000–2000 V. Vorsicht vor Entzündung! Nach dem Trock-nen werden die Streifen 15 Minuten lang in die Amidoschwarz-Lösung, die sich in einer Wanne oder einem Becherglas befindet, gelegt. Dann werden sie abwechselnd 5–10 Minuten in Methanol/ Eisessig (9 + 1) und 5%ige Essigsäure gelegt, bis der Hauptteil des Papiers weiß ist. Zum Schluß kann man auch länger in der Entfärberlösung liegen lassen, evtl. über Nacht.

Ergebnis: Der isoelektrische Punkt ermittelt sich aus demjenigen Puffer, mit dem das Papier behandelt wurde, auf welchem Ovalbumin am langsamsten gewandert ist. Theoretisch ist dies 4,6 (ermittelt durch andere Methoden). Praktisch wandert auf dem

Papier Ovalbumin hier doch etwas infolge von Elektroosmose. Analog können die isoelektrischen Punkte anderer Proteine ermittelt werden. Zur genaueren Bestimmung muß mit einer größeren Anzahl von Puffern gearbeitet werden.

Bemerkung: Amidoschwarz 10 B wird am häufigsten zum Sichtbarmachen von Proteinen verwendet. Vor allem in Gelen werden, oft im Gemisch mit Amidoschwarz, auch andere Farbstoffe, z. B. Coomassie Brillantblau R 250, Methylenblau B, Lichtgrün gelblich, Ammonium-1-anilino-8-naphthylsulfonat u. a., verwendet. Für Glyko- und Lipoproteide werden außerdem Sudanschwarz B, Toluidinblau O u. a., für Glykoproteide, Pektine u. a. Kohlenhydrate Perjodsäure/*Schiffs* Reagens empfohlen. Enzyme können elegant durch synthetische Substrate, die nach der Spaltung einen Farbstoff geben, sichtbar gemacht werden.

1.9.4.2. Niederspannungs-Zonenelektrophorese

1.9.4.2.1. Vergleich zweier Träger. Fraktionierung von Eiklar

Erforderlich: Gerät zur Niederspannungs-Papierelektrophorese (z. B. Elphor-H-Elektrophoresekammer nach *Grassmann* u. *Hannig*, Fa. Bender u. Hobein, München), Celluloseacetatfolie für die Elektrophorese. Chromatographiepapier Schleicher u. Schüll Nr. 2043 b oder ähnliche Sorte. Zentrifuge. Becherglas 100 ml. 2 Meßzylinder (10 u. 50 ml). Magnetrührer. Mikropipette. Faltenfilter. Lösung von 10 % NaCl in Wasser, die durch Zusatz einiger Tropfen 0,01 n-NaOH auf pH 8,6 eingestellt wurde. Veronal-Acetatpuffer: 6,46 g Veronal-Na, 3,89 g Natriumacetat (Trihydrat) und 85 ml 0,065 n-Essigsäure mit Wasser auf 1000 ml auffüllen, pH-Wert auf 8,6 einstellen falls nötig. Gesättigte Lösung von Amidoschwarz 10 B in einer Mischung von Methanol/Eisessig (9 + 1, V/V). Lösung von 10 % Eisessig in Methanol. Lösung von 5 % Eisessig in Wasser. 1 Ei.

Aufgabe: Die Proteine des Eiklars sind nach *Hellhammer* u. *Högl* (1958) elektrophoretisch zu trennen und sichtbar zu machen. Dabei wird als Träger einmal Chromatographiepapier (Cellulose), ein anderesmal Celluloseacetatfolie verwendet.

Ausführung: Das Eiklar wird sorgfältig vom Eigelb getrennt. 10 ml des Eiklars werden mit 40 ml NaCl-Lösung in der Weise gemischt, daß zuerst etwas NaCl-Lösung in das Becherglas gegeben und mit dem Magnetrührer vorsichtig gerührt wird. Dann gießt man langsam das (im Meßzylinder abgemessene) Eiklar zu und spült den Meßzylinder mit NaCl-Lösung nach. Die Lösung wird 15 Minuten lang gerührt, wobei gegen Schluß die Tourenzahl etwas erhöht werden kann. Dann wird 15 Minuten lang bei 3500 Umdrehungen/Minute zentrifugiert und der Überstand durch ein Faltenfilter filtriert (diese Lösung hält sich, mit einigen Kristallen Thymol versetzt, im Kühlschrank sehr lange). Die Pufferbehälter der Apparatur werden mit Veronal-Acetatpuffer gefüllt. Je nach den Dimensionen der Apparatur wird ein Papierstreifen zugeschnitten (vgl. Gebrauchsanweisung, der Streifen soll in beide gegenüberliegende Pufferlösungen tauchen) und mit Pufferlösung getränkt. Das Trocknen erfolgt wie bei der Aufgabe 1.9.4.1.1., Kühlen ist nicht nötig. In der Nähe der Kathode werden mit einer Mikropipette 0,005 ml der Eiklarlösung auf die feuchte Papierschicht streifenförmig möglichst schmal aufgetragen. Die Apparatur wird verschlossen (Glasdeckel o. ä.). Man legt eine so große Spannung an, daß eine Feldstärke von 7–10 V/cm entsteht (z. B. 210 V bei 30 cm Länge zwischen den Elektroden) und elektrolysiert 7 Stunden lang. Die Stromstärke steigt dabei an (z. B. von 3,2 mA auf 6,0 mA). Nach dem Abschalten des Stroms nimmt man den Streifen vorsichtig heraus und trocknet ihn (ähnlich wie bei der Papierchromatographie, z. B. 15 Minuten bei 80 °C im Trockenschrank). Das trockene Pherogramm wird dann entsprechend Aufgabe 1.9.4.1.2. gefärbt und entfärbt (1–2 Stunden bei Celluloseacetat, 6–8 Stunden bei Papier).

Ergebnis. Bemerkungen: Man sieht 2 starke und 2 schwache dunkelblaue Banden von Komplexen zwischen den als Anionen getrennten Proteinen und Amidoschwarz (ionische Bindung zwischen 2 Sulfonatgruppen des Azofarbstoffes und basischen Gruppen in den Proteinen).

Auf Celluloseacetat wandern die Proteine schneller (deshalb kann der Versuch schon nach etwa 6 Stunden beendet werden). Die Trennung ist etwas besser. Praktische Anwendung findet die Analyse der Eiproteine beim Nachweis von Eiklar in Eigelb (*Ney* 1966) und bei der Reinheitsprüfung von Ovalbumin.

1.9.4.2.2. Quantitative Bestimmung. Gelatine in Quark

Erforderlich: Geräte wie für Aufgabe 1.9.4.2.1. Densitometer für Elektrophoresestreifen. Rotationsverdampfer. Wasserbad. Becherglas 250 ml. Eventuell Spezialexsiccator (s. Ausführung). Natriumcarbonat/Natriumhydrogencarbonat-Puffer pH 10 : 1 Liter 0,15 m-Na₂CO₃-Lösung, 1 Liter 0,15 m-NaHCO₃-Lösung und 2 Liter Wasser mischen. Farbbad und Entfärberlösungen wie für Aufgabe 1.9.4.1.2. Lösung von 1 % Gelatine in Wasser (warm bereiten). Anisol. Quark mit Gelatinezusatz.

Aufgabe: In einem vermutlich Gelatine enthaltenden Quark ist diese nachzuweisen und quantitativ zu bestimmen (*Padmoyo* u. *Miserez* 1965).

Ausführung: 100 g Quark werden mit 100 ml Wasser 10–15 Minuten lang auf dem siedenden Wasserbad erhitzt. Die Suspension wird noch heiß 5 Minuten lang bei 3000 U/min zentrifugiert. Nach Entfernen der Fettschicht wird heiß durch ein Faltenfilter filtriert. Das Filtrat wird bei 50 °C am Rotationsverdampfer auf etwa 5 ml eingeengt und mit warmem Wasser auf 10 ml verdünnt. Von dieser Lösung werden 10 μl (nach Vorbereitung der Apparatur) in ähnlicher Weise auf Chromatographiepapier aufgetragen wie das Eiklar in Aufgabe 1.9.4.2.1., doch daneben noch je 1, 5, 10, 15 und 20 μl Gelatinelösung, und zwar jeweils bei allen Auftragungen über dieselbe Breite und mit Abstand dazwischen (wie bei der Dünnschichtchromatographie, je nach Apparatur auf einen Bogen oder mehrere Streifen). Die Feldstärke wird doppelt so groß gewählt wie bei Aufgabe 1.9.4.2.1., die Dauer 8–14 Stunden. Die Sichtbarmachung erfolgt zunächst wie bei der vorigen Aufgabe. Dann werden die Streifen an der Luft getrocknet und entweder über Nacht in Anisol gelegt (in einem Becherglas zusammenrollen) oder in einem evakuierten Exsiccator mit Anisol durchtränkt (was nur ¹/₂–1 Stunde in Anspruch nimmt). Hierzu benötigt man einen Exsiccator mit 2 Bohrungen. Auf die obere kommt ein Gummistopfen mit aufgesetztem Tropfrichter, dessen Rohr bis in den Exsiccator direkt über oder besser in das Becherglas mit den zusammengerollten Streifen reicht. Man evakuiert bei geschlossenem Hahn des Tropfrichters, füllt diesen mit Anisol, schließt den Hahn zur Pumpe und läßt das Anisol größtenteils zufließen. Wenn nicht sofort eine gute Transparenz des Streifens erreicht wird, wiederholt man die Prozedur.

Der völlig transparente Streifen wird in einem Densitometer bzw. Gerät zur photometrischen Auswertung von Pherogrammen an einer Lichtquelle vorbeigezogen, wobei er meistens zwischen 2 Glasplatten gelegt werden muß. Die Lichtabsorption wird aufgezeichnet, so daß an Stelle der Protein/Amidoschwarz-Banden

Peaks erhalten werden, deren Fläche (angenähert berechnet aus Halbwertsbreite mal Höhe) der Menge an Protein proportional ist. Man stellt eine Eichkurve (Peakfläche gegen aufgetragene Menge Gelatine) auf und ermittelt darüber den Gehalt im Quark, falls eine Bande an entsprechender Stelle wie bei der Gelatinelösung vorhanden war.

Bemerkungen: Quantitative Bestimmungen können ähnlich wie bei der Papier- oder Dünnschichtchromatographie auch durch Eluieren und Extinktionsmessung, eventuell nach Reaktion, o. ä. erfolgen, doch ist die Densitometrie bequemer, wenn ein geeignetes Gerät zur Verfügung steht. Meist ist dieses nach Art der Filterphotometer (vgl. Bd. 1) aufgebaut, es gibt auch Densitometer-Zusätze zu zahlreichen Photometern. Für Gelzylinder benötigt man spezielle (Zusatz-)Geräte. Anstelle von Anisol kann auch Dimethylphthalat zum Transparentmachen verwendet werden.

1.9.4.2.3. Trennung von Aminosäuren

Erforderlich: Gerät und Zubehör zur Elektrophorese wie bei den vorhergehenden Aufgaben. Ninhydrinlösung: vgl. Band 2, S. 60. Puffer pH 6,1 : Eisessig/Pyridin/Wasser (10 + 100 + 890 V/V). Lösung von Histidin, Glycin (je 0,05 molar), Glutaminsäure (0,01 molar) und Histaminhydrochlorid (0,1 molar) in Wasser, das 10 % Isopropanol enthält, sowie Lösungen entsprechender Konzentration der einzelnen Stoffe.

Aufgabe: Ein Gemisch aus einer neutralen, einer basischen und einer sauren Aminosäure, das auch ein Amin enthält, ist zu trennen.

Ausführung: Auf die entsprechend Aufgabe 1.9.4.2.1. zurecht geschnittenen und mit der Pufferlösung getränkten Papierstreifen werden 10 μl der Lösung aller Komponenten aufgetragen, zum Vergleich auch (auf andere Streifen) jeweils eine Lösung der einzelnen Komponenten. Die Startlinie kommt dabei in die Mitte zwischen Anode und Kathode. Bei einer Feldstärke von etwa 20 V/cm genügen 15 Minuten Laufzeit. Man besprüht mit Ninhydrinlösung und trocknet entsprechend Band 2, S. 60.

Ergebnis: Entsprechend ihrer Ladung (isoelektrische Punkte 3,1 bzw. 7,6) wandern Glutaminsäure zur Anode, Histidin zur Kathode. Histamin wandert schneller als Histidin. Glycin (isoelektrischer Punkt in Wasser 6,1) bleibt nahe der Startlinie.

Zusatzversuch: Entsprechend können komplizierte Gemische aufgetrennt werden, so daß zumindest eine Aussage über die Zugehörigkeit der einzelnen Aminosäuren zu einer Gruppe (neutral, sauer, basisch) möglich ist. Bei Proteinhydrolysaten genügt dies nicht. Man arbeitet deshalb zweidimensional (Band 2, S. 60), indem man z. B. auf einen quadratischen Papierbogen nahe einer Ecke punktförmig aufträgt, in der 1. Dimension elektrophoretisch und in der 2. analog der in Band 2, S. 100 angegebenen Weise chromatographisch trennt. Die gesamte Analysenzeit ist geringer als bei rein chromatographischem Arbeiten. Man kann dies mit dem in Band 2, S. 60 beschriebenen Hydrolysat versuchen.

1.9.4.3. Disk-Elektrophorese. Fremdeiweiß in Wurst

Erforderlich: Apparatur zur Disk-Elektrophorese. Ultra-Turrax oder ähnliches Gerät. 3 Bechergläser (150 ml). Zentrifuge. Verschließbare Zentrifugengläser. Filter. Filtrierpapier. Brut- oder Trockenschrank. Färbetrog oder Reagensgläser. Tris/Glycin-Puffer pH 8,35 (6,0 g Tris-(hydroxymethyl)-aminomethan und 28,8 g Glycin mit Wasser zu 1000 ml auffüllen). Aceton. Saccharose. Lösung von 40 % Saccharose in Wasser. Sammelgel-Lösung: Frisch bereitete Mischung von 1 Volumenteil (T) Lösung 1, 2 T Lösung 2, 1 T Lösung 3 und 4 T Lösung 4. Trenngel-Lösung: Frisch bereitete Lösung von 1 T Lösung 5, 2 T Lösung 6, 1 T Wasser und 4 T Lösung 7. Lösung 1: 2,5 g H_3PO_4 und 5,7 g Tris in 100 ml Wasser. Lösung 2: 10,0 g Acrylamid und 2,5 g N,N'-Methylenbisacrylamid in 100 ml Wasser. Lösung 3: 4,0 mg Riboflavin in 100 ml Wasser. Lösung 4: 40,0 g Saccharose in 100 ml Wasser. Lösung 5: 48,0 ml 1 n-HCl, 36,6 g Tris und 0,23 ml N,N,N',N'-Tetramethyläthylendiamin in 100 ml Wasser. Lösung 6: 30,0 g Acrylamid und 0,8 g N,N'-Methylenbisacrylamid in 100 ml Wasser. Lösung 7: 0,14 g Ammoniumperoxodisulfat in 100 ml Wasser. Alle Lösungen sind mit bidestilliertem Wasser anzusetzen und im Kühlschrank 2—3 Monate lang haltbar, die Lösungen 4 und 7 nur höchstens 1 Woche. Amidoschwarz-Lösung: Lösung von 5,5 g Amidoschwarz 10 B in 1000 ml 7,5%iger Essigsäure. Essigsäure (7,5 % in Wasser). Brühwurst, mit und ohne Milcheiweiß bzw. Sojaprotein (1–2 %). Zum Testversuch können die Proteinzusätze auch direkt der Probelösung zugegeben werden (etwa 1 mg/ml).

Aufgabe: In Brühwürsten sind Milcheiweiß und Sojaprotein in Anlehnung an *Fischer* (1971) nachzuweisen.

Ausführung: 6–10 g jeder Wurstprobe werden je für sich in einem 150 ml Becherglas mit 30 ml Aceton versetzt und mit dem Ultra-Turrax 1 Minute lang homogenisiert. Nach dem Filtrieren wird der Rückstand in einem Zentrifugenglas mit 30 ml Tris/ Glycin-Puffer gemischt und im verschlossenen Glas 30 Minuten lang im Brutschrank bei 37 °C belassen. Nach dem Abkühlen auf Zimmertemperatur wird vom Rückstand abzentrifugiert. Dem Überstand setzt man so viel Saccharose zu, daß die Lösung etwa 1 molar ist (34 g/100 ml). Dies ist die Probelösung. Die Bereitung der Gele und die Bedingungen bei der Elektrophorese richten sich nach der vorhandenen Apparatur (Gebrauchsanweisung, s. auch *Maurer* 1968, 1971). Es soll ein mittelporiges Polyacrylamidgel (7,5 %, pH 8,9) und ein photopolymerisiertes Sammelgel (pH 6,9) hergestellt werden. Beispielsweise geht man so vor, daß man zuerst das Sammelgel in Röhrchen einpolymerisiert, die am einen Ende mit einer Gummikappe verschlossen sind. Man füllt zuerst 0,2 ml Saccharoselösung (40 %) hinein, dann überschichtet man diese vorsichtig mit 0,15 ml Sammelgel-Lösung (aus einer Spritze mit langer Nadel) und diese wieder mit etwa 0,1 ml Wasser. Die Schichten dürfen sich nicht vermischen. Das Röhrchen wird dann z. B. 20–30 Minuten lang (Gebrauchsanweisung) mit einer Glüh- oder UV-Lampe bestrahlt, wobei Gelbildung eintritt. Dann wird die überstehende Wasserschicht mit Hilfe einer Spritze und eines Dochtes aus Filtrierpapier entfernt. Nach zweimaligem kurzem Ausspülen des Raumes über dem Sammelgel mit der Trenngel-Lösung füllt man mit dieser das Röhrchen voll und läßt 30–40 Minuten lang unbewegt stehen. Nach beendeter Gelbildung wird die Gummikappe entfernt, das Röhrchen umgedreht und der Raum über dem Sammelgel mit Sammelgel-Lösung ausgespült.

Mittels einer Enzympipette bringt man 50–75 μl Probelösung auf die Oberfläche des Sammelgels und überschichtet, nach Einbringen des Röhrchens in die Apparatur, mit Tris/Glycin-Puffer, der 1 : 10 mit Wasser verdünnt worden war. Die Spannung soll etwa 100 V, die Stromstärke pro Röhrchen (analytisches Acrylamid-Säulen-elektrophoresegerät der Fa. Shandon) maximal 5 mA betragen. Die obere Elektrode wird als Kathode, die untere als Anode gepolt.

Die Elektrophorese wird nach etwa 45 Minuten beendet. Man entfernt die Gele aus den Röhrchen, z. B. mit Hilfe einer mit Wasser gefüllten Spritze, und legt die Gele zur Anfärbung etwa 1 Stunde lang in Amidoschwarz-Lösung (Färbetrog oder Reagensgläser), läßt sie dann zur Vorentfärbung über Nacht in 7,5%iger Essigsäure stehen und entfärbt dann entweder elektrophoretisch (Zusatzapparatur zum Elektrophoresegerät) oder durch längeres Einlegen in gelegentlich erneuerte Essigsäure (7,5 %).

Ergebnis: Die zusatzfreie Brühwurst ergibt zwei stärkere und drei schwache Banden. Bei Anwesenheit von Milcheiweiß zeigen sich zusätzlich zwei starke Banden. Sojaprotein verursacht je nach der Temperatur, auf die die Wurst vorher erhitzt wurde, unterschiedliche Banden (vgl. *Fischer* 1971). Wurde es z. B. nicht erhitzt, so zeigt sich ganz oben eine relativ breite Zone (+ evtl. weitere schwache Banden).

Bemerkung: Man kann auch zuerst das Trenngel eingeben und polymerisieren, dann das Sammelgel, dann den Puffer, der schließlich mit der Probelösung unterschichtet wird.

1.9.4.4. Isoelektrische Fokussierung

Erforderlich: Apparatur für die Isoelektrische Fokussierung. Erlenmeyer 100 ml. *Wittscher* Topf. Wasserstrahlpumpe. Bürettentrichter. UV-Lampe. Kühlschrank. Mikroliterspritze 10 μl. Filtrierpapier. Wanne für Färbung (etwas größer als die Gelplatte). Lösung von 3,05 g Acrylamid in 10 ml Wasser (Vorsicht. Nicht polymerisiertes Acrylamid ist stark giftig). Lösung von 0,1 g N,N'-Methylenbisacrylamid in 10 ml Wasser. Trägerampholyt (z. B. Ampholine® pH 4–6). Lösung von 7,5 g Saccharose in 37 ml Wasser. Lösung von 4 mg Riboflavin in 100 ml Wasser. Lösung von 18 mg Natriumsulfit in 100 ml Wasser. Glycerin. 1 m-H_3PO_4. 1 m-NaOH. Lösung von 1,15 g Coomassie Brillantblau in 1000 ml Entfärberlösung (= Färbelösung). Mischung aus 80 ml Eisessig, 250 ml Äthanol und 670 ml Wasser (= Entfärberlösung). Gereinigte Eiklar-Lösung nach Versuch 1.9.4.2.1. Lösungen von Proteinen oder Proteinmischungen (z. B. Albumin aus Eiern, 2 g/l).

Aufgabe: Die Proteine des Eiklars sollen durch isoelektrische Fokussierung getrennt und sichtbar gemacht werden.

Vorbemerkung: Die folgende Vorschrift wurde mit dem Multiphor 2117 der Firma LKB, Bromma, einem Gerät für die Dünnschicht-Isoelektrische Fokussierung und mit Ampholine®, pH 4–6, erprobt. Bei Verwendung anderer Geräte oder Ampholyte sind entsprechende Änderungen zu beachten (Gebrauchsanweisung).

Ausführung: Die Lösungen von Acrylamid, Methylenbisacrylamid, Saccharose und der Trägerampholyt werden im Erlenmeyerkolben gemischt. Dieser wird im *Witt*schen Topf 5 Minuten lang evakuiert. Dann gibt man vorsichtig 0,8 ml Riboflavin- und 2 ml Natriumsulfitlösung (Polymerisationsbeschleuniger) zu, wobei jedesmal so vorsichtig gemischt wird, daß keine Luftblasen entstehen. Es werden aufeinandergelegt und anschließend mit Klammern zusammengehalten: eine dicke Glasplatte, ein Gummistreifen (ringsum am Rand) und eine dünne Glasplatte. Der Gummistreifen wird an der einen Anschlußstelle etwas herausgezogen und die luftblasenfreie Lösung mit Hilfe eines Bürettentrichters eingefüllt.

Nach dem Eindrücken des herausgezogenen Gummistreifens und dem Aufsetzen der letzten Klammer (so daß die Gel-Lösung nicht ausfließen kann) legt man die Platten etwa 2 Stunden lang unter die UV-Lampe (notfalls an das Sonnenlicht). Danach entfernt man einige Klammern und prüft durch vorsichtiges Herausziehen des Gummistreifens, ob das Gel fest ist. Sollte das noch nicht der Fall sein, wird weiter bestrahlt. Ist es fest, legt man es für einige Zeit in den Kühlschrank.

Die Glasplatte des Elektrophoresegeräts wird mittels Leitungswasser gekühlt und mit wenig Glycerin eingerieben. Die dicke Glasplatte wird vorsichtig vom Gel gelöst; dieses wird mit der darunter befindlichen dünnen Glasplatte auf eine Vorlage gelegt, auf welcher Markierungen (z. B. Millimeternetz) angebracht sind, die die Auftrageorte festlegen. Zum Auftragen der Eiklarlösung tropft man 5–10 μl auf ein Stückchen Chromatographiepapier (10 × 10 mm), verfährt mit den Proteinlösungen ebenso und legt diese Papierstückchen mit Abständen von mindestens 5 mm nebeneinander nahe einem Rand auf die Gelschicht. Man kann auch mit einem Spatel eine kleine Menge Gel herauskratzen und die Probelösung in diese Vertiefung bringen. An sich ist es – im Unterschied zu anderen elektrophoretischen und zu chromatographischen Verfahren – gleichgültig, an welcher Stelle die Substanz aufgebracht wird. Wenn genügend Platz zur Verfügung steht, kann man also auch einige Papierstückchen in der Mitte oder am anderen Ende der Gelschicht auflegen.

Nach dem Auflegen der dünnen Glasplatte mit der Gelschicht auf die Glasplatte des Elektrophoresegeräts (es dürfen sich keine Luftblasen zwischen den beiden Glasplatten befinden, damit die Kühlung einwandfrei erfolgen kann) legt man außerhalb der Reihe der Auftrageorte, aber noch auf das Gel, einen mit 1 m-

NaOH (Kathodenpuffer) getränkten Papierstreifen. Auf der gegenüberliegenden Seite legt man einen mit 1 m-H_3PO_4 (Anodenpuffer) getränkten Streifen. Darüber kommt eine Deckplatte mit den entsprechenden Elektroden, die direkt auf die Streifen zu liegen kommen. Nach dem Schließen der Abdeckhaube wird der Strom eingeschaltet. Da die Stromstärke im Verlauf des Versuchs absinkt, wird sie alle 5 Minuten, später alle 10 Minuten durch Erhöhen der Spannung nachgestellt, so daß stets eine optimale Feldstärke herrscht. Diese sollte einerseits so groß sein, daß die Trennung in etwa 2 Stunden erfolgt, andererseits nicht zu groß, damit keine Erwärmung der Gelschicht erfolgt. Letzteres hängt auch von der Kühltemperatur ab. Bei einer solchen von etwa 15 °C sollte eine Leistung von 15 W (also z. B. 30 mA bei 500 V) möglichst nicht überschritten werden. Gerätebedingt läßt sich die Spannung nicht über 600–1000 V steigern. Man beläßt schließlich bei diesem Höchstwert und beendet den Versuch, wenn die Stromstärke (nach relativ steilem Abfall) nicht weiter absinkt.

Nach dem Abschalten des Stromes und dem Abnehmen der Haube wird die Glasplatte mit dem Gel in die Wanne gelegt und vorsichtig mit der 60 °C warmen Färbelösung übergossen. Nach 15 Minuten wird diese entfernt und durch zimmerwarme Entfärbelösung ersetzt. Letztere wird öfters erneuert, bis die Proteinbanden optimal zu sehen sind. Die Entfärbelösung kann auch über Nacht einwirken, doch sollte das Gel an keiner Stelle trocken werden.

Ergebnis: Bei Eiklar sieht man 2 starke Banden nahe der Anode, je eine mittelstarke nahe der Kathode und gegen die Mitte zu, ferner mindestens 3 schwache bis mittelstarke nahe der Anode, eine in der Mitte und mindestens 2 nahe der Kathode. Man kann also mindestens 6 Banden mehr unterscheiden als bei der Trennung durch Papierelektrophorese (Aufg. 1.9.4.2.1.).

Bemerkungen: Wenn die isoelektrischen Punkte der Proteine außerhalb des gewählten pH-Bereichs liegen, findet keine Trennung statt. Man muß dann eine andere Trägerampholyt-Mischung verwenden. Für Vorversuche eignet sich eine solche mit möglichst großem pH-Bereich, z. B. pH 3,5–10.

2. Enzymatische Methoden

Von *Günter Lippke* (München)

2.1. Einführung

Den Lebensmittelchemiker interessieren in zunehmendem Ausmaß Möglichkeiten, oft schwer erfaßbare oder differenzierte Lebensmittelbestandteile zu bestimmen. Man kann sich heute nicht mehr damit zufriedengeben, z. B. in einem Fruchtsaft die H^+-Ionen zu titrieren und aus diesen die Gesamtsäure als Citronensäure zu berechnen, obwohl die Citronensäure in dem zu analysierenden Saft vielleicht nur eine untergeordnete Rolle spielt. Ebenso unbefriedigend ist die Tatsache, daß in einem Lebensmittel alle Substanzen, die in alkalischer Lösung Cu^{2+}-Salze reduzieren, als Glucose oder Invertzucker berechnet werden. Man führe sich vor Augen, daß alle Lebensmittelbestandteile pflanzlichen oder tierischen Ursprungs in der lebenden Zelle aufgebaut und im tierischen Organismus wieder ab- oder umgebaut werden. Diese der Energiegewinnung dienenden Stoffwechselvorgänge sind nur möglich durch enzymkatalysierte Reaktionsketten und Reaktionszyklen, bei denen eine große Anzahl von Einzelreaktionen hintereinandergeschaltet ist, wobei die Enzyme der Einzelreaktionen eine hohe Wirkungsspezifität aufweisen.

Nachdem es gelungen ist, Enzyme in großer Reinheit aus Zellen und Organismen zu isolieren und damit die in der lebenden Zelle ablaufenden Reaktionen in das Reagenzglas zu übertragen, hat man die Möglichkeit, aus einem Stoffgemisch, meist ohne langwierige Trennungsoperationen, einzelne, mit chemischen Methoden oft schwierig zu analysierende Substanzen spezifisch und mit großer Empfindlichkeit zu erfassen. Oft ermöglichen Enzyme durch die milden Reaktionsbedingungen überhaupt erst die Bestimmung von labilen Substanzen.

2.2. Grundlagen der enzymkatalysierten Umsetzungen

2.2.1. Definition und Eigenschaften der Enzyme

Alle bisher untersuchten Enzyme gehören in die Stoffklasse der Proteine und haben damit alle charakteristischen Eigenschaften der

Proteine. Von diesen Eigenschaften ist die Labilität der Enzym-(Eiweiß-)-Struktur für die Enzymologie von besonderer Bedeutung. Veränderung der Struktur oder Denaturierung sind gleichbedeutend mit einem Verlust der Enzymaktivität. Die Stabilität von Enzymen wird unter anderem von der Temperatur, der Wasserstoffionenkonzentration und von der Salzkonzentration beeinflußt.

Proteine sind multivalente Elektrolyte und enthalten ionisierbare Gruppen. Der Ionisationszustand beeinflußt die Aktivität der Enzyme und hängt von der Wasserstoffionenkonzentration ab.

Während durch hohe Temperaturen, starke Säuren und Laugen oder mechanisch durch sehr kräftiges Schütteln eine Denaturierung nativer Eiweißmoleküle bewirkt wird, führen hohe Salz- oder Alkoholkonzentrationen im allgemeinen zu reversiblem Ausfällen von Eiweiß, wobei die Aktivität erhalten bleibt. Diese Eigenschaft macht man sich in der Technologie der Enzymgewinnung zunutze. Reversibel gefällte Enzyme können durch Filtrieren oder Zentrifugieren aus Substanzgemischen abgetrennt werden. Die Tatsache, daß Proteine als Elektrolyte im elektrischen Feld wandern, wird zur elektrophoretischen Trennung von Enzymen herangezogen.

Als Katalysatoren haben Enzyme folgende Eigenschaften:
1. Sie wirken in kleinsten Mengen.
2. Sie gehen aus der Reaktion unverändert hervor.
3. Innerhalb weiter Aktivitätsgrenzen haben sie keinen Einfluß auf die Lage des Reaktionsgleichgewichts, sondern beschleunigen lediglich dessen Einstellung.

2.2.2. Wirkungsweise der Enzyme

Der für die katalysierende Wirkung direkt verantwortliche Teil eines Enzymmoleküls wird als „aktives Zentrum" bezeichnet. Dieses kann entweder ein bestimmter Teil des Proteinmoleküls selbst sein oder aus einer „prosthetischen Gruppe" mit Nichtprotein-Charakter bestehen. Die im Gegensatz zu Proteinen relativ thermostabilen prosthetischen Gruppen, die vielfach Derivate von Vitaminen sind, besitzen im allgemeinen ein Mol-Gew. von 10^2 bis 10^3 und lassen sich in vielen Fällen von dem dann nicht mehr wirksamen Enzymprotein ablösen. Das aktive Zentrum eines Enzyms bestimmt die Art der enzymatischen Umsetzung des Substrats, während für die Substratspezifität der Enzyme, d. h. für die Auswahl der umsetzbaren Substrate neben den im aktiven Zentrum gegebenen Möglichkeiten zur chemischen oder physikalisch-chemischen Bindung in erster Linie der dort zur Verfügung stehende Platz – die Strukturgeometrie des Enzyms – verantwortlich ist. Die katalytische Wirkung von Enzymen wird eingeleitet durch Bildung eines sehr reaktionsfähigen, aber kurzlebigen Enzym-Substrat-Komplexes. In diesem Zustand bedarf es nur einer Ladungs- bzw. einer Elektronenverschiebung, um die betreffende Reaktion auszulösen. Der molekulare Reaktionsmechanismus, der in einer abgestimmten Wechselwirkung zwischen Substrat und aktivem Zentrum des Enzyms besteht, ist bei manchen Reaktionen bekannt (vgl. *Buddecke*, Biochemie). Die aus einem Substratmolekül gebildeten Reaktionsprodukte werden nach erfolgter Umsetzung sofort vom Enzym abgelöst, so daß dieses für weitere Umsetzungen gleicher Art wieder frei ist. Die Geschwindigkeit dieses Kreisprozesses schwankt je nach Enzym zwischen 10^2 und 10^7 Substratmolekülen/aktivem Zentrum/min. Dabei kann ein Enzym in einer Minute bis zum tausendfachen seines Eigengewichts an Substrat umsetzen.

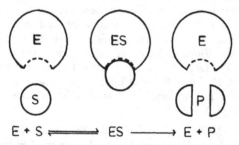

Abb. 16. Schematische Darstellung der Bildung des Enzym-Substrat-Komplexes. E = Enzym, S = Substrat, P = Reaktionsprodukt.

2.2.3. Bedingungen der Enzymaktivität

Die Geschwindigkeit, mit der eine enzymatische Reaktion abläuft, hängt von verschiedenen Faktoren ab:

2.2.3.1. Substratkonzentration

Aus Abb. 16 kann man sich leicht vorstellen, daß die Zahl der Umsetzungen pro Zeiteinheit abhängig ist von der Wahrscheinlichkeit eines Zusammenstoßes von Enzym und Substrat. Diese Wahrscheinlichkeit wird bei konstanter Enzymkonzentration nur durch die Substratkonzentration bestimmt. Bei sehr geringer Substratkonzentration liegen die Enzymmoleküle vorwiegend als freies Enzym und nur zum geringen Teil als Enzym-Substrat-Komplex vor (E > ES). Dies ist auch dann der Fall, wenn mehr Substratmoleküle als Enzymmoleküle vorhanden sind, da die Gleichgewichtskonstante E + S → ES nicht unendlich groß ist. Die Reaktionsgeschwindigkeit ist in diesem Fall nur gering. Bei steigender Substratkonzentration erhöht sich die Geschwindigkeit der Reaktion. Bei hoher Substratkonzentration liegt alles Enzym als Enzym-Substrat-Komplex vor (E ≪ ES). Bei dieser Substratsättigung wird maximale Reaktionsgeschwindigkeit erreicht, die auch durch weitere Substratzugabe nicht erhöht werden kann, weil kein freies Enzym mehr zur Verfügung steht.

Da die Substratkonzentration, bei der gerade maximale Reaktionsgeschwindigkeit erreicht wird, sich methodisch nicht sehr exakt bestimmen läßt, die maximale Geschwindigkeit jedoch eine wichtige Kenngröße für Enzyme darstellt, wird im allgemeinen diejenige Substratkonzentration angegeben, bei der die Hälfte der Enzymmoleküle mit Substrat gesättigt ist und demzufolge die halbe Maximalgeschwindigkeit erreicht wird. Diese Konzentration wird als *Michaelis*-Konstante (K_m) bezeichnet und hat die Dimension Mol/Liter. Sie liegt für viele Enzyme in der Größenordnung von 10^{-3} bis 10^{-5} Mol/Liter. Die *Michaelis*-Konstante ist eine für jedes Enzym-Substrat-Paar charakteristische Größe und hat folgende praktische Bedeutung:

1. Sie ist ein Maß für die Affinität des Enzyms zum Substrat. (Bei hoher *Michaelis*-Konstante hat das Enzym zu dem betreffenden Substrat keine hohe Affinität, weil eine hohe Substratkonzentration nötig ist, um halbmaximale Geschwindigkeit zu erzielen).

2. Sie ist entscheidend für die Beurteilung von Enzymhemmern (s. u.).

3. Sie ermöglicht die Berechnung derjenigen Substratkonzentration, bei der maximale Reaktionsgeschwindigkeit erreicht wird. (Diese Konzentration ist etwa 100mal größer als K_m.)

Um die *Michaelis*-Konstante graphisch ermitteln zu können, müßte man für jedes Enzym aus den bei verschiedenen Substratkonzentrationen bestimmten Reaktionsgeschwindigkeiten die in Abb. 17 dargestellte Kurve konstruieren.

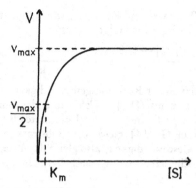

Abb. 17. Abhängigkeit der Reaktionsgeschwindigkeit einer enzymatischen Reaktion von der Substratkonzentration.

Die *Michaelis*-Konstante läßt sich ableiten, wenn man die Enzymreaktion im stationären Zustand, d. h. im Zustand eines Fließgleichgewichts betrachtet:

$$E + S \underset{k_2}{\overset{k_1}{\rightleftharpoons}} ES \underset{k_4}{\overset{k_3}{\rightleftharpoons}} E + P \qquad [1]$$

Für diesen Zustand gelten folgende Annahmen:

1. Der Enzym-Substrat-Komplex zerfällt sowohl in E und S (k_2) als auch in E und P (k_3), wobei Bildungs- und Zerfallsgeschwindigkeit gleich sind.

2. Die Konzentration des Enzym-Substrat-Komplexes bleibt konstant.

3. Die Geschwindigkeitskonstante für die Reaktion E + P → ES ist vernachlässigbar klein ($k_4 = 0$).

Für die Bildungsgeschwindigkeit ergibt sich unter diesen Bedingungen

$$\frac{d\,[ES]}{dt} = k_1\,(\,[E_g] - [ES]\,)\,[S], \qquad [2]$$

wobei $[E_g]$ die Gesamtkonzentration des Enzyms darstellt.
Für die Zerfallsgeschwindigkeit gilt

$$\frac{d\,[ES]}{dt} = k_2\,[ES] + k_3\,[ES] \qquad [3]$$

103

Bei gleicher Bildungs- und Zerfallsgeschwindigkeit, also im Zustand des Fließgleichgewichts folgt daraus

$$\frac{([E_g] - [ES])\,[S]}{[ES]} = \frac{k_2 + k_3}{k_1} \qquad [4]$$

Da bei halbmaximaler Reaktionsgeschwindigkeit die Konzentration des freien Enzyms ($[E_g]$ – $[ES]$) und des Enzym-Substrat-Komplexes gleich groß sind, ist die Resultante der Geschwindigkeitskonstanten in Gl. [4] gleich der Substratkonzentration bei halbmaximaler Geschwindigkeit, also gleich der *Michaelis*-Konstanten K_m. Durch Einsetzen von K_m und Auflösen der Gl. [4] nach [ES] erhält man

$$[ES] = \frac{[E_g]\,[S]}{K_m + [S]}. \qquad [5]$$

Nach Gl. [1] ist die Geschwindigkeit einer enzymatischen Reaktion proportional der Konzentration des Enzym-Substrat- Komplexes.

$$v = k_3\,[ES] \qquad [6]$$

Durch Einsetzen von Gl. [5] in Gl. [6] erhält man

$$v = \frac{k_3\,[E_g]\,[S]}{K_m + [S]} \qquad [7]$$

Da im Zustand der Substratsättigung das gesamte Enzym als Enzym-Substrat-Komplex vorliegt, hängt die maximale Reaktionsgeschwindigkeit v_{max} von der Gesamtmenge des Enzyms ab.

$$v_{max} = k_3\,[E_g] \qquad [8]$$

Aus Gl. [7] und [8] ergibt sich

$$v = \frac{v_{max}\,[S]}{K_m + [S]} \qquad [9]$$

oder der reziproke Ausdruck

$$\frac{1}{v} = \frac{K_m}{v_{max}} \cdot \frac{1}{[S]} + \frac{1}{v_{max}}. \qquad [10]$$

Dieser Ausdruck entspricht der allgemeinen Geradengleichung

$$y = ax + b,$$

in der a die Steigung der Geraden und b den Schnittpunkt mit der y-Achse darstellen. Diese Gleichung ist aber der mathematische

Ausdruck für die graphische Darstellung der Abhängigkeit der Reaktionsgeschwindigkeit einer enzymatischen Reaktion von der Substratkonzentration in doppelt reziproker Auftragung nach *Lineweaver–Burk* (Abb. 18).

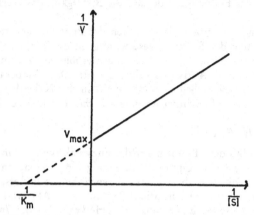

Abb. 18. Abhängigkeit der Reaktionsgeschwindigkeit einer enzymatischen Reaktion von der Substratkonzentration, dargestellt in doppelt reziproker Auftragung.

Setzt man $x = 0$, wird $y = b$, d. h. für $\dfrac{1}{[S]} = 0$ wird $\dfrac{1}{v} = \dfrac{1}{v_{max}}$

Setzt man $y = 0$, wird $ax = -b$ oder $-x = \dfrac{b}{a}$, d. h. für $\dfrac{1}{v} = 0$

wird $-\dfrac{1}{[S]} = \dfrac{1}{K_m}$. Mit dieser Methode lassen sich beide Kenngrößen eines Enzyms in einem Arbeitsgang bestimmen, und zwar mit wesentlich weniger Messungen als bei der Konstruktion der Kurve in Abb. 17.

2.2.3.2. Temperatur

Die Reaktionsgeschwindigkeit einer enzymatischen Reaktion ist ebenso temperaturabhängig wie die aller chemischen Reaktionen. Eine Temperaturerhöhung von 1 °C bewirkt eine Erhöhung der Reaktionsgeschwindigkeit um 10 % und mehr. Für die Bestimmung der Enzymaktivitäten, bei denen der Substratumsatz pro Zeiteinheit gemessen wird, ist deshalb größtmögliche Temperaturkonstanz unerläßlich. In den Fällen der Substratbestimmung, bei denen man die Reaktion bis zum restlosen Verbrauch des Substrats ablaufen läßt, bewirkt eine Temperaturänderung nur eine zeitliche Verschiebung des Endpunktes, der auf die Richtigkeit des Wertes ohne Einfluß ist.

Aufgrund der Proteineigenschaften der Enzyme kann man aber zur Erhöhung der Reaktionsgeschwindigkeit die Temperatur nicht unbegrenzt erhöhen, weil bei Temperaturerhöhung zunehmend Denaturierung, d. h. Aktivitätsverlust eintritt. Das Temperaturoptimum liegt bei tierischen Enzymen meist in der Nähe der Körpertemperatur, bei pflanzlichen kann es zwischen 60° und 70° liegen.

2.2.3.3. pH-Wert

Der Einfluß der H^+-Ionen auf die Enzymaktivität ist in Abb. 19 dargestellt. Das pH-Optimum ist häufig sehr schmal und hängt von vielen Faktoren ab, wie z. B. Ionenstärke des Puffers, Temperatur und Substratkonzentration. Besonders bei Aktivitätsmessungen ist eine exakte Einhaltung des pH-Wertes durch Wahl eines geeigneten Puffers unbedingt erforderlich. Die H^+-Ionen bewirken nicht nur eine Säuredenaturierung des Enzyms, sondern beeinflussen auch die elektrische Ladung von Enzym und Substrat und damit die Bildung des Enzym-Substrat-Komplexes. Das pH-Optimum der einzelnen Enzyme ist sehr unterschiedlich. Bei Reaktionen mit

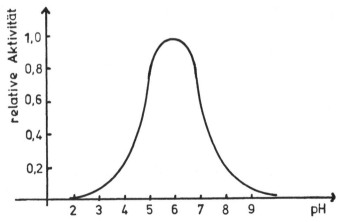

Abb. 19. Einfluß des pH-Wertes auf die Enzymaktivität.

mehreren Enzymen, deren pH-Optima nicht sehr weit auseinanderliegen, kann man oft für die Gesamtreaktion einen pH-Wert wählen, der zwischen diesen liegt. In einigen Fällen muß man nach Ablauf der einzelnen Enzymreaktion jedoch umpuffern.

2.2.3.4. Andere Faktoren

Die Aktivität von Enzymen kann auch durch hohe *Salzkonzentrationen* und hohe *Alkoholkonzentrationen* gehemmt werden, und zwar dadurch, daß die Hydrathülle der ionisierbaren Gruppen des Proteinmoleküls und damit die Oberflächenstruktur beeinflußt wird, was sich auf die Bindungskräfte zwischen Enzym und Substrat auswirkt.

Eine Reihe von Substanzen beeinflußt die Enzymaktivität bereits in niedrigen Konzentrationen. Während durch *Aktivatoren* eine Steigerung der Reaktionsgeschwindigkeit erreicht wird, führen *Inhibitoren* zu einer Verlangsamung der Reaktion. Zu den Aktivatoren gehören z. B. Ionen (Amylasen benötigen Chloridionen, einige Dehydrogenasen Magnesium-, Zink- oder Manganionen zur Entfaltung ihrer vollen Aktivität), aber auch Sulfhydryl-Verbindungen, die solche Enzyme reaktivieren, deren aktive Bindungsstelle durch Oxydation der Sulfhydrylgruppen blockiert wurde. Zu den Inhibitoren gehören Schwermetallionen, die bei einigen Enzymen die aktiven SH-Gruppen blockieren, aber auch Cyanide, einige Pestizide (vor allem für Esterasen) und Detergentien. Komplexbildner (z. B. Äthylendiamintetraessigsäure – engl.: EDTA) wirken dort als Aktivatoren, wo Schwermetalle die Reaktion hemmen, inhibieren aber jene Enzyme, die durch Metallionen aktiviert werden. Werden in der Praxis Komplexbildner benötigt, um eine Hemmung durch Schwermetalle zu verhindern, muß der Überschuß an Komplexbildnern durch die Ionen abgesättigt werden, die zur Aktivierung der Enzymreaktion benötigt werden.

Von den Inhibitoren kommen in Lebensmitteln vor allem die Umweltkontaminanten vor, deren Konzentration im allgemeinen jedoch so gering ist, daß die Enzymreaktionen nicht gestört werden, zumal die Proben für die enzymatische Analyse meist stark verdünnt werden.

2.2.4. Enzymspezifität

Die auffallendste und wichtigste Eigenschaft der Enzyme ist ihre ausgeprägte katalytische Spezifität, d. h. die Fähigkeit, nur mit einem bestimmten Substrat zu reagieren. Deshalb kann man mit Enzymen aus einem Stoffgemisch, welches eine Vielzahl chemisch ähnlicher Komponenten enthält, eine Substanz spezifisch und quantitativ erfassen. *Otto Warburg* bezeichnete Enzyme als die spezifischsten Reagenzien, die man kennt. Dennoch unterscheidet man verschiedene Grade der Spezifität.

2.2.4.1. Absolute Spezifität

Man versteht darunter die Eigenschaft eines Enzyms, nur ein einziges Substrat (z. B. Glucose-6-phosphat) in ganz bestimmter Weise (z. B. zu Gluconat-6-phosphat) umzusetzen.

2.2.4.2. Substratspezifität

Diese drückt sich darin aus, daß viele Enzyme nur auf bestimmte chemische Gruppen wirken. Enzyme, welche z. B. die glycosidische Bindung zwischen Zucker und Alkohol hydrolysieren, zeigen hohe Spezifität gegenüber dem Kohlenhydrat, aber nur geringe Spezifität gegenüber der alkoholischen Gruppe. Bei Enzymen, die Peptidbindungen spalten, ist die Spezifität nur auf Peptidbindungen gerichtet, an denen ganz bestimmte Aminosäuren beteiligt sind.

2.2.4.3. Gruppenspezifität

Manche Enzyme reagieren mit mehreren, chemisch ähnlichen Substraten in analoger Weise. Als Beispiel sei hier die Bildung von Hexose-6-phosphat erwähnt. Ein gruppenspezifisches Enzym ist z. B. die Alkohol-Dehydrogenase, die neben Äthylalkohol auch dessen höhere Homologe umsetzt, jedoch ist in diesem und ähnlichen Fällen die Reaktionsgeschwindigkeit für die ähnlichen Substanzen beträchtlich niedriger.

2.2.4.4. Optische Spezifität

Diese bedeutet, daß von zwei optischen Isomeren nur ein Vertreter umgesetzt wird. Es sind z. B. zwei Lactat-Dehydrogenasen bekannt, von denen eine nur L-Milchsäure, die andere nur D-Milchsäure bildet. Ein Sonderfall der optischen Spezifität, der *anomere Spezifität* genannt wird, liegt bei Maltase vor, die ausschließlich α-glycosidische Bindungen der Glucose hydrolysiert, obgleich die strukturellen Unterschiede zwischen α- und β-glycosidischer Bindung nur geringfügig erscheinen.

2.2.4.5. Fremdaktivitäten und Nebenaktivitäten

Fremdaktivitäten liegen vor, wenn ein Enzym durch andere Enzyme verunreinigt ist, Nebenaktivitäten, wenn ein Enzym noch andere als sein eigentliches Substrat umsetzt (s.Gruppenspezifität). Ebenso wie Fremdaktivitäten in den verwendeten Enzymen von z. B. 0,1 % die enzymatische Analyse stören können, so stören auch Nebenaktivitäten dieser Größenordnung. In vielen Fällen lassen sich diese Störungen aber durch Extrapolation der Meßwerte (s. 2.2.7.1.3.) eliminieren. Größere Fremdaktivitäten, d. h. die Verwendung unreiner Enzyme, kann man vermeiden; die Verwendung unspezifischer Enzyme nicht immer. Durch Nach- oder Vorschalten eines spezifischen Enzyms kann die Analyse aber spezifisch gemacht werden.

2.2.5. Nomenklatur und Systematik der Enzyme

Mit zunehmender Kenntnis der Substratspezifität und des Typs einer enzymatischen Reaktion ist es möglich geworden, eine systematische Einteilung der heute weit über 100 bekannten Enzyme vorzunehmen. Nach der Empfehlung der International Union of Biochemistry (IUB) enthält der Name des Enzyms drei Teile:
der erste Teil bezeichnet das (oder die) Substrat(e),
der zweite Teil sagt etwas über den Typ der katalysierten Reaktion aus,
der dritte Teil besteht aus dem Suffix „ase".
Zusätzliche Informationen können – in Klammern gesetzt – folgen. Darüberhinaus erhält jedes Enzym eine Klassifikationsnummer, wobei die Enzyme in sechs Hauptklassen eingeteilt sind:

1. *Oxidoreduktasen:* katalysieren Oxidoreduktionen zwischen einem Substratpaar. Diese Klasse wurde früher als Dehydrogenasen oder Oxydasen bezeichnet.

2. *Transferasen:* übertragen eine Gruppe, die kein Wasserstoff ist, von einem Substrat auf ein anderes.

3. *Hydrolasen:* spalten Ester-, Äther-, Glycosid-, Säureanhydrid-, Peptid-, C-C- oder P-N-Bindungen hydrolytisch.

4. *Lyasen:* spalten vom Substrat über einen nichthydrolytischen Mechanismus Gruppen ab und hinterlassen dabei eine Doppelbindung.

5. *Isomerasen:* katalysieren die Umwandlung isomerer Verbindungen.

6. Ligasen: katalysieren die Bindung zwischen zwei Substraten, wobei die Reaktion mit dem Lösen einer Pyrophosphatbindung im ATP verbunden ist oder ein anderes energiereiches Phosphat gespalten wird.

Für die weitere Unterteilung der Klassen wird auf die Literatur verwiesen.

Trotz der von der IUB vorgeschlagenen Nomenklatur sind heute noch neben einigen Trivialnamen wie z. B. Papain sehr viele ältere, meist gut verständliche Enzymbezeichnungen und deren Abkürzungen im Gebrauch, auch wenn sie manchmal nicht so informativ sind wie die IUB-Namen.

Beispiel: Sorbit-Dehydrogenase, Abk.: SDH. Aus dem Namen geht hervor, daß es sich um ein Enzym handelt, welches dem Sorbit, möglicherweise substratspezifisch, Wasserstoff entzieht, d. h. ihn oxidiert. Welches Substrat dabei reduziert wird, ist nicht zu erkennen. Nach IUB heißt dieses Enzym L-Iditol:NAD-oxidoreductase. Aus diesem Namen geht eindeutig hervor, daß der Wasserstoffakzeptor *N*ikotinamid-*A*denin-*D*inukleotid ist, und aus der Kenntnis beider Namen wird klar, daß es sich hier um ein gruppenspezifisches Enzym handelt.

Um dem Leser den Einstieg in die Literatur nicht unnötig zu erschweren, werden im folgenden ausschließlich die derzeit gebräuchlichen Enzym-Namen verwendet. Es sei noch darauf hingewiesen, daß die einschlägige Literatur (z. B. *Bergmeyer* oder *Barman*) hinsichtlich Spezifität, Aktivität, pH- und Temperaturoptima, Aktivatoren, Inhibitoren und anderer Parameter über alle beschriebenen Enzyme umfassend informiert.

2.2.6. Aktivitätseinheiten

Die Einheiten für die Enzymaktivitäten wurden in früherer Zeit willkürlich gewählt, wobei für ein Enzym oft verschiedene Einheiten angegeben wurden. Im Jahre 1961 wurde von der IUB eine Standardeinheit vorgeschlagen, die wie folgt definiert ist:

Eine Einheit (U) entspricht der Enzymaktivität, welche die Umwandlung von 1 µMol Substrat pro Minute unter genau festgelegten Versuchsbedingungen katalysiert.

Zu den genau festgelegten Versuchsbedingungen gehören z. B. Temperatur, pH-Optimum, Puffersystem, Substratkonzentration und Co-Faktoren.

Die *molekulare Aktivität* eines Enzyms gibt die Zahl der Substratmoleküle an, die in 1 Minute von 1 Enzymmolekül (bei optimalem Substratangebot) umgesetzt werden. Sie wurde früher auch als *Wechselzahl* bezeichnet.

Die *spezifische Aktivität* eines Enzyms bezeichnet die Einheiten/ mg Protein (U/mg Protein) und ist ein direktes Maß für die Reinheit des Enzyms.

Die Konzentration eines Enzyms in Lösung wird in U/ml angegeben. In der klinischen Chemie ist es üblich, die Enzymaktivitäten in Körperflüssigkeiten in mU/ml anzugeben.

2.2.7. Meßprinzipien

Eine Substanz, die an einer enzymatischen Reaktion teilnimmt, kann nach Ablauf dieser Reaktion durch physikalische, chemische oder nochmalige enzymatische Analyse des Produktes oder des nicht umgesetzten Ausgangsmaterials auch quantitativ bestimmt werden. Wird eine Substanz S in enzymatischer Reaktion vollständig in das Produkt P umgesetzt, so kann sie dann bestimmt werden, wenn diese sich chemisch und physikalisch von S unterscheidet. Wenn P Säureeigenschaften besitzt, titriert man oder mißt man manometrisch die CO_2-Entwicklung aus Bicarbonat-Puffer. Zeigt P ein anderes elektrochemisches Verhalten, so kann die Messung auch darauf beruhen. Zeigt S im Gegensatz zu P eine charakteristische Lichtabsorption, so läßt sich S auch in Gegenwart anderer absorbierender Substanzen direkt bestimmen, weil durch die in der Photometerküvette ablaufende Enzymreaktion die Lichtabsorption um den zu S gehörenden Betrag abnimmt. Absorbiert P, so wird S aufgrund der Absoptionszunahme ermittelt. In ähnlicher Weise können auch fluorimetrische Verfahren eingesetzt werden.

2.2.7.1. *Substratbestimmung durch Messung des umgesetzten Coenzyms (Endpunkt-Bestimmung)*

Bei der Substratbestimmung werden heute meist die photometrisch meßbaren Enzymreaktionen mit Substrat:NAD-Oxidoreduktasen, d. h. mit NAD- und NADP-abhängigen Dehydrogenasen herangezogen.

Allgemein:

Substanz A $+$ NAD$^+$ $\rightleftharpoons$ Substanz B $+$ NADH $+$ H$^+$

Während für Substanz A das Coenzym (richtig müßte es Co-Substrat heißen) Nicotinamid-Adenin-Dinucleotid Wasserstoff-Akzeptor ist und reduziert wird, ist es für Substanz B Wasserstoff-Donator und wird oxidiert. Dabei findet folgende Reaktion statt:

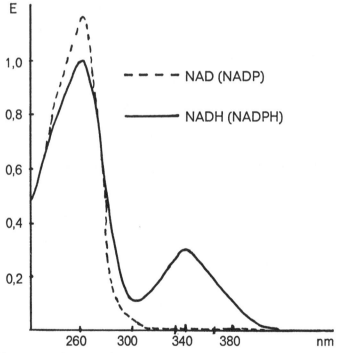

Die in der oxidierten Form benzoide Struktur des Nicotinamids geht bei Reduktion in die chinoide über und umgekehrt. Die unterschiedlichen Absorptionsspektren der beiden Formen sind in Abbildung 20 dargestellt.

Abb. 20. Die Absorptionskurven von NAD(P) und NAD(P)H.

Manche Reaktionen sind nicht NAD- sondern NADP-abhängig. Das NADP unterscheidet sich vom NAD dadurch, daß NADP eine dritte Phosphatgruppe am C-Atom 2 der mit Adenin verknüpften Ribose besitzt. Im chemischen und physikalischen Verhalten gleicht es dem NAD. Aus den unterschiedlichen Absorptionsspektren ist deutlich zu erkennen, daß jede NAD- oder NADP-abhängige Enzymreaktion dadurch meßbar ist, daß das reduzierte Coenzym gegenüber dem oxidierten eine charakteristische Absorption mit Maximum bei 340 nm aufweist. Auf die Theorie der Photometrie kann hier verzichtet werden, da sie bereits in Band 1 dieser Reihe behandelt wurde.

2.2.7.1.1. Allgemeine Arbeitsvorschrift

Für die Substratbestimmung mit Hilfe der enzymatischen Analyse gilt folgende allgemeine Arbeitsvorschrift:

Aus einer genauen Einwaage eines Lebensmittels wird ein bestimmtes Volumen eines wässrigen Extraktes hergestellt (V_e). Ein aliquoter Teil dieser Lösung (V_p) wird in einer Photometer-Küvette mit einem bestimmten Volumen Pufferlösung und einem bestimmten Volumen Coenzymlösung gemischt. Von dieser Küvette wird die Extinktion E_1 gegen Luft (keine Küvette im Strahlengang) oder Wasser gemessen. Dann wird die Reaktion durch Zugabe des Enzyms gestartet und nach einiger Zeit, d. h. wenn die Reaktion zum Stillstand gekommen (abgelaufen) ist, die Extinktion E_2 wieder gegen Luft oder Wasser gemessen. Die Reaktion gilt als abgelaufen, wenn die Extinktionsänderungen innerhalb von 5 Minuten nicht größer als 0,001 ist. Für jede Meßreihe wird ein Reagenzien-Leerwert (mit Wasser statt Probelösung) ermittelt.

2.2.7.1.2. Berechnung der Substrat-Konzentration

Die Extinktionsdifferenz $\Delta E = (E_1 - E_2)_{Probe} - (E_1 - E_2)_{Leerwert}$ oder $\Delta E = (E_2 - E_1)_{Probe} - (E_2 - E_1)_{Leerwert}$ ist das direkte Maß für das Substrat, weil eine dem Substrat äquivalente Menge Coenzym umgesetzt wurde. Die Berechnung wird folgendermaßen durchgeführt:

Nach dem *Lambert-Beer*schen Gesetz ist

$$c = \frac{\Delta E}{\varepsilon \cdot d} \quad [\text{Mol/ml Meßlösung}] \qquad [11]$$

Durch Multiplikation mit dem Mol-Gew. des Substrats erhält man

$$c = \frac{\Delta E \cdot MG}{\varepsilon \cdot d} \quad [\text{g/ml Meßlösung}] \qquad [12]$$

Durch Multiplikation mit dem Volumen der Meßlösung (V_m), Division durch das Volumen der Probelösung (V_p) und Multiplikation mit dem Volumen des wässrigen Extraktes (V_e) kommt man unter Berücksichtigung der Einwaage (in g) zu

$$c = \frac{\Delta E \cdot MG \cdot V_m \cdot V_e \cdot 100}{\varepsilon \cdot d \cdot V_p \cdot \text{Einwaage}} \quad [\% \text{ Substrat im Lebensmittel}] \qquad [13]$$

Ist der wässrige Extrakt zu konzentriert, so kann beliebig verdünnt werden. In diesem Fall ist Gl. [13] mit dem Verdünnungsfaktor F zu multiplizieren.

$$F = \frac{\text{Gesamtvolumen des verdünnten Extraktes}}{\text{Volumen des zur Verdünnung eingesetzten Extraktes}}$$

2.2.7.1.3. „Schleichreaktion"

Aufgrund der Tatsache, daß manche Enzyme Fremd- oder Nebenaktivitäten aufweisen (s. 2.2.4.5.) kann der Fall eintreten, daß eine Reaktion nicht zum Stillstand kommt (für diesen „Schleich" können aber auch andere Faktoren, z. B. nichtenzymatische Oxidation des Coenzyms, verantwortlich sein), d. h. man kann die Extinktion am Ende der enzymatischen Reaktion (E_2) durch einfaches Ablesen nicht ermitteln. Trotzdem ist der Endpunkt exakt zu bestimmen, und zwar durch graphische oder rechnerische Extrapolation.

In Abb. 21 ist der Verlauf verschiedener Reaktionen dargestellt, indem die Extinktion gegen die Zeit aufgetragen wurde.

$\longrightarrow$

Abb. 21. Beispiele von Extinktions/Zeit-Kurven. a)–d) Oxidation, e)–h) Reduktion des Substrats. a) und e) Normale Reaktion, b) und f) Überlagerung der Reaktion bei Nebenaktivität des Enzyms, c) und g) Veränderung des NAD(P)H durch Fremdreaktion, d) und h) Überlagerung der enzymatischen Reaktion durch nichtenzymatische Reaktion.

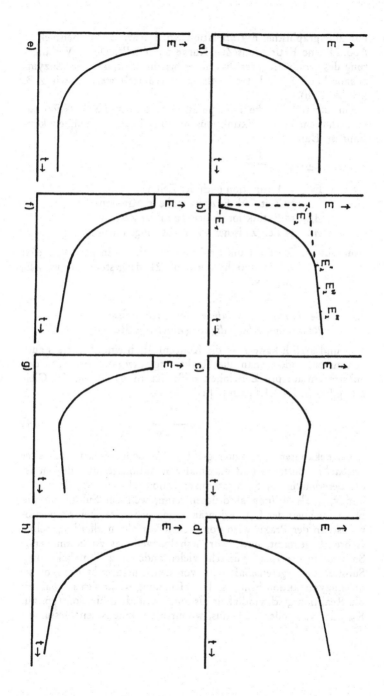

Für die graphische Extrapolation wird nach einem Beispiel in Abb. 21 eine Extinktions/Zeit-Kurve aufgestellt. Durch Verlängerung des geraden Kurvenabschnittes bis zum Zeitpunkt der Enzymzugabe kann E_2 und damit ΔE exakt ermittelt werden (wie z. B. in Abb. 21 b).

Für die rechnerische Extrapolation läßt man die Reaktion solange laufen, bis die Extinktionsänderung in der Zeiteinheit konstant ist. Dann ist

$$E_2 = E_{2,\,t} - t \cdot \frac{\Delta E_2}{\Delta t}$$

$E_{2,\,t}$ = Extinktion nach der Zeit t

t = Zeit nach Enzymzugabe in Minuten

ΔE_2 = Extinktionsänderung in der Zeit Δt

Δt = Zeit zwischen zwei Ablesungen in Minuten

Anmerkung: Verläuft die Reaktion so, wie sie in den Beispielen c), f) und h) der Abb. 21 dargestellt ist, ist ΔE_2 negativ.

2.2.7.2. Bestimmung von Substanzen durch Messung der Reaktionsgeschwindigkeit (kinetische Messung)

Grundsätzlich kann man die Konzentration eines Substrats auch bestimmen, indem man die Reaktionsgeschwindigkeit, d. h. den Substratumsatz pro Zeiteinheit mißt. Durch Auflösung der Gleichung [9] (s. 2.2.3.1.) nach [S] erhält man

$$[S] = \frac{v \cdot K_m}{v_{max} - v} \qquad [14]$$

Bei bekannter, d. h. unter gleichen Meßbedingungen ermittelter *Michaelis*-Konstante und maximaler Reaktionsgeschwindigkeit ist die Berechnung der Substratkonzentration sehr einfach, da man v und v_{max} als $\Delta E/min$ ausdrücken kann, weil der Substratumsatz pro Zeiteinheit der Extinktionsänderung pro Zeiteinheit proportional ist. In der Praxis wird von diesem Verfahren allerdings selten Gebrauch gemacht, und zwar deshalb, weil das zu bestimmende Substrat in der Regel mit sehr vielen anderen, z. T. unbekannten Substanzen vergesellschaftet ist, von denen man nicht weiß, ob sie die Enzymreaktion hemmen. Die Hemmung wirkt sich sowohl auf die Reaktionsgeschwindigkeit als auch, je nach Inhibitionstyp, auf K_m oder v_{max} oder beide aus, wodurch bei kinetischen Messungen zu wenig Substrat gefunden würde, während bei der Endpunkt-bestimmung lediglich die Reaktionszeit verlängert wird.

Ihre große Bedeutung haben kinetische Messungen außer bei der Ermittlung von Enzymaktivitäten bei der Bestimmung von Inhibitoren, und zwar nach Wirkungsweise und Konzentration.

2.2.7.2.1. Bestimmung des Inhibitionstyps

Inhibitoren können das enzymatische Reaktionsgeschehen in der Weise beeinflussen, daß entweder K_m scheinbar erhöht oder v_{max} scheinbar vermindert wird oder daß beide Parameter scheinbar verändert werden. Von kompetitiver Hemmung spricht man im ersten Fall, von nichtkompetitiver Hemmung im zweiten. Der Mischtyp wird „unkompetitive Hemmung" genannt, wenn sich K_m und v_{max} gleichmäßig verändern.

Kompetitive Hemmung wird so gedeutet, daß der Inhibitor mit dem Substrat bei der Enzym-Komplex-Bildung in Konkurrenz tritt, ohne umgesetzt zu werden. Bei einer kompetitiven Hemmung tritt also zusätzlich die Reaktion

$$E + I \rightleftharpoons EI$$

auf, wobei die Dissoziationskonstante K_I – als Maß für den Hemmeffekt – die Inhibitorkonstante genannt wird. Dadurch ändert sich die Gl. [9] zu

$$v = \frac{v_{max} \cdot [S]}{[S] + K_m \left(1 + \dfrac{[I]}{K_I}\right)} \qquad [15]$$

Die nichtkompetitive Hemmung wird als Störung der Umwandlung des Enzym-Substrat-Komplexes gedeutet, während seine Bildung unbeeinflußt bleibt. Es ist also scheinbar weniger aktives Enzym vorhanden, was sich in der Verminderung von v_{max} ausdrückt, d. h. aus Gl. [9] wird

$$v = \frac{\dfrac{v_{max}}{1 + \dfrac{[I]}{K_I}} \cdot [S]}{[S] + K_m} \qquad [16]$$

Für Mischtypen, bei denen K_m und v_{max} beeinflußt werden, kann eine Kombination der vorstehenden Mechanismen angenommen werden. Der strenge Fall der unkompetitiven Hemmung, bei dem sich K_m und v_{max} gleichmäßig verändern, kann folgendermaßen formuliert werden:

$$v = \frac{\dfrac{v_{max}}{1 + \dfrac{[I]}{K_I}} \cdot [S]}{[S] + \dfrac{K_m}{1 + \dfrac{[I]}{K_I}}} \qquad [17]$$

Zur Ermittlung des Inhibitionstyps und der Inhibitorkonstante kann ebenso verfahren werden wie zur Ermittlung von K_m und v_{max} (s. 2.2.3.1.), d. h. durch doppelt reziproke Auftragung nach *Lineweaver-Burk*. Dazu werden die reziproken Formen der Gleichungen [15, 16] und [17] gebildet.

Im Fall der kompetitiven Hemmung erhält man

$$\frac{1}{v} = \frac{K_m\left(1 + \dfrac{[I]}{K_I}\right)}{v_{max}} \cdot \frac{1}{[S]} + \frac{1}{v_{max}}, \qquad [18]$$

im Fall der nichtkompetitiven Hemmung

$$\frac{1}{v} = \frac{K_m\left(1 + \dfrac{[I]}{K_I}\right)}{v_{max}} \cdot \frac{1}{[S]} + \frac{1 + \dfrac{[I]}{K_I}}{v_{max}} \qquad [19]$$

und im Fall der unkompetitiven Hemmung

$$\frac{1}{v} = \frac{K_m}{v_{max}} \cdot \frac{1}{[S]} + \frac{1 + \dfrac{[I]}{K_I}}{v_{max}}. \qquad [20]$$

Trägt man nun $\dfrac{1}{v}$ gegen $\dfrac{1}{[S]}$ auf, so erhält man für jede (konstante) Inhibitorkonzentration eine Gerade. Für die verschiedenen Inhibitorkonzentrationen haben die Geraden im allgemeinen eine unterschiedlich Steigung. Diese Geraden schneiden sich im Fall der kompetitiven Hemmung auf der Ordinate, im Fall der nichtkompetitiven Hemmung auf der Abzisse und bei Mischtypen im 2. Qua-

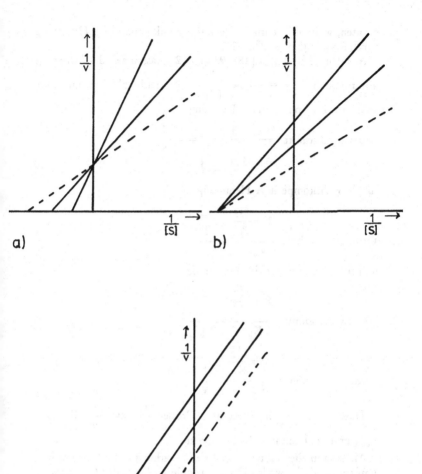

Abb. 22. Darstellung von inhibierten Enzymreaktionen in doppelt reziproker Auftragung. a) kompetitive Hemmung, b) nichtkompetitive Hemmung und c) unkompetitive Hemmung. Die Gerade für die ungehemmte
Enzymreaktion ist gestrichelt. Weitere Erklärungen im Text.

dranten, während sie im Sonderfall der unkompetitiven Hemmung parallel verlaufen (s. Abb. 22).

Aus den Gleichungen [18, 19] und [20] lassen sich die Achsenabschnitte (d. h. $\frac{1}{v} = 0$ bzw. $\frac{1}{[S]} = 0$) leicht ableiten und man erhält für die kompetitive Hemmung

Abszissenabschnitt $\quad \dfrac{1}{K_m\left(1 + \dfrac{[I]}{K_I}\right)} = -\dfrac{1}{[S]}$

für die nichtkompetitive Hemmung

Ordinatenabschnitt $\quad \dfrac{1 + \dfrac{[I]}{K_I}}{v_{max}} = \dfrac{1}{v}$

und für die unkompetitive Hemmung

Abszissenabschnitt $\quad \dfrac{1 + \dfrac{[I]}{K_I}}{K_m} = -\dfrac{1}{[S]}$

Ordinatenabschnitt $\quad \dfrac{1 + \dfrac{[I]}{K_I}}{v_{max}} = \dfrac{1}{v}$

Durch Einsetzen der bekannten Größen $\frac{1}{[S]}$ bzw. $\frac{1}{v}$, K_m bzw. v_{max} und $[I]$ kann man K_I berechnen.

Man kann die rechten Seiten der Gleichungen [18–20] auch so umformen, daß jeweils $[I]$ die variable Größe x der Geradengleichung y = ax + b wird, und nach der Methode von *Dixon* bei konst. $[S]$ dann $\frac{1}{v}$ gegen $[I]$ auftragen. Bei den oben genannten Inhibitionstypen erhält man so für jede Substratkonzentration eine eigene Gerade (s. Abb. 23). Im Fall der kompetitiven Hemmung schneiden sich diese Geraden im 2. Quadranten in der Höhe von v_{max} und im Fall der nichtkompetitiven Hemmung auf der negativen Abszisse, während sie bei der unkompetitiven Hemmung wieder parallel verlaufen. Bei kompetitiver und nichtkompetitiver

120

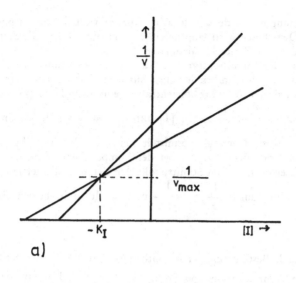

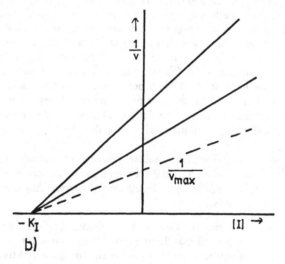

Abb. 23. Darstellung von inhibierten Enzymreaktionen nach *Dixon*. a) kompetitive Hemmung, b) nichtkompetitive Hemmung (die Gerade mit großem Substratüberschuß ist gestrichelt). Weitere Erklärungen im Text.

Hemmung entspricht der negative Abzissenwert der Schnittpunkte K_I. (Dem Leser wird empfohlen, die entsprechenden Gleichungen nach den o. a. Beispielen abzuleiten.)

Liegt der Inhibitionstyp fest, kann die Auswertung weiter vereinfacht werden, indem lediglich mit einer Substratkonzentration und variierter Inhibitorkonzentration eine Gerade aufgenommen und nach *Dixon* $\dfrac{1}{v}$ gegen [I] aufgetragen wird. Bei der nichtkompetitiven Hemmung ermittelt man den Schnittpunkt dieser Geraden mit der Abszisse, bei der kompetitiven Hemmung den Abszissenwert für den Schnittpunkt der Geraden mit der horizontalen Linie durch $\dfrac{1}{v} = \dfrac{1}{v_{max}}$ und erhält so in beiden Fällen $-K_I$.

2.2.7.2.2. Bestimmung der Inhibitor-(Aktivator-)-Konzentration

Die Konzentration von Stoffen, welche die Aktivität des zur Messung eingesetzten Enzyms beeinflussen, kann am Grad der Aktivierung oder Inhibierung gemessen werden. Dazu wird unter genau definierten Bedingungen mit Standardsubstanzen eine Eichkurve angelegt, die zwar häufig nicht linear ist, sich aber oft linearisieren läßt, z. B. wenn man den Hemmgrad logarithmisch gegen die Konzentration (linear) aufträgt. Zur Bestimmung von Aktivatoren kann man in ähnlicher Weise vorgehen, indem man bei der Erstellung der Eichkurve den Grad der Aktivierung gegen die Aktivatorkonzentration aufträgt. Den Grad der Hemmung (oder Aktivierung) kann man auf verschiedene Weise ausdrücken:

a) $\dfrac{v}{v_0}$ wobei v_0 der Substratumsatz in μMol/min ohne Inhibitor (oder Aktivator) und v derjenige bei den verschiedenen Inhibitor-(Aktivator-)konzentrationen ist.

b) $\dfrac{\Delta E}{\Delta E_0}$ ist eine einfachere Darstellung, bei der ΔE_0 die Extinktionsänderung pro Zeiteinheit ohne und ΔE diejenige mit verschiedenen Inhibitor-(Aktivator-) Zusätzen ist.

c) $\dfrac{t}{t_0}$ kann vorteilhaft bei langsamen Reaktionen gewählt werden, d. h. dort, wo die Extinktionsänderung in verhältnismäßig kurzer Zeit nur gering ist, oder bei Reaktionen mit gekrümmten Umsatzkurven. Man mißt dann die Zeit für ein bestimmtes ΔE (oder für eine andere Reaktion, z. B. das Auftreten des ersten Koagulats bei der Blutgerinnung), wobei t_0 die Reaktionszeit ohne und t die mit verschiedenen Inhibitor-(Aktivator-)Zusätzen ist.

2.3. Geräte und Reagenzien

Richtigkeit und Präzision enzymatischer Analysenmethoden können nur dann optimal sein, wenn auch die verwendeten Meßgeräte genau, die eingesetzten Reagenzien hinreichend rein und stabil sind und beide richtig gehandhabt werden.

2.3.1. Beschreibung der Geräte

Der Geräteaufwand für die enzymatische Analyse ist denkbar gering.

Photometer: Der Aufbau und die Handhabung dieser Geräte ist bereits in Band 1 dieser Reihe eingehend beschrieben worden. Aus der Absorptionskurve (Abb. 20) ist ersichtlich, daß das Maximum von NAD(P)H um 340 nm verhältnismäßig breit ist und eine Messung bei verschiedenen Wellenlängen zuläßt. Die Wahl dieser Wellenlänge hängt von dem zur Verfügung stehenden Gerät ab. Bei der Verwendung von *Spektralphotometern* muß im Absorptionsmaximum, d. h. bei 340 nm gemessen werden, damit der Fehler, der durch geringfügige Verschiebung der Wellenlänge auftreten kann, möglichst klein gehalten wird. Ebenso im Maximum gemessen wird mit *Filterphotometern,* die einen Kontinuumstrahler als Energiequelle haben, weil mit diesen Geräten kein streng monochromatisches Licht erhalten werden kann. Bei *Spektral-Linienphotometern* mit einer Quecksilberdampflampe als Energiequelle kann mit Hilfe einfacher Filter jedesmal reproduzierbar die gleiche Hg-Linie zur Messung herangezogen werden, d. h. es kann mit hinreichender Genauigkeit auch vor und hinter dem Maximum gemessen werden. Gebräuchlich sind die Hg-Linien bei 334 und 365 nm.

Küvetten: Zur Messung enzymatischer Reaktionen sind Küvetten von im allgemeinen 1 cm Schichtdicke aus verschiedenen Materialien geeignet. Neben Quarz- und Glasküvetten können auch Kunststoffküvetten eingesetzt werden, die als „Einmalküvetten" im Handel sind. Letztere sind zur Messung wässriger Testlösungen sehr zu empfehlen, weil sie eine ebenso genaue Messung wie Glasküvetten erlauben, nach dem Gebrauch jedoch weggeworfen werden und deshalb nie durch Spülmittelreste verunreinigt sein können. Im übrigen ist der Kostenaufwand für diese Küvetten sehr gering. Meßfehler, die auf Fehler in der Küvette zurückzuführen sind, treten bei enzymatischen Messungen deshalb nicht auf, weil die Extinktionen jeweils vor und nach Enzymzugabe in derselben Küvette gemessen werden, und zwar gegen Luft (d. h. keine Küvette im Strahlengang). Bei Kunststoffküvetten muß lediglich darauf geachtet werden, daß die gelegentlich während der Inkubationszeit an der Wand entstehenden Luftblasen sich nicht im Strahlengang befinden und gegebenenfalls entfernt werden.

Pipetten: In der enzymatischen Analyse hängt das richtige und präzise Pipettieren kleiner Volumina von der Wahl geeigneter Pipetten ab. Hier empfehlen sich *Enzymtestpipetten*, d. s. Meßpipetten mit lang ausgezogener Spitze für teilweisen Auslauf. Auch *Kolbenhubpipetten* können vorteilhaft eingesetzt werden. Bei diesen, früher als Marburg-Pipetten bezeichneten Geräten sind die Volumina fest justiert und die Kunststoffspitzen wegwerfbar. Bei Glaspipetten sollten die Pipettenspitzen vor dem Auslaufen der Flüssigkeit in das Meßgefäß mit einem bereitgelegten Filterpapier abgewischt werden, weil zusätzliche Flüssigkeitstropfen das Ergebnis verfälschen können. Kleine Volumina (bis 0,05 ml) pipettiert man vorteilhaft auf einen Plastikspatel, dessen „Spitze" rechtwinklig vom Griff abgeknickt und in seiner Fläche etwas kleiner als die Grundfläche der Küvette ist, so daß er mit dem Flüssigkeitstropfen in die Küvette gebracht und durch Auf- und Ab-Bewegungen zum Durchmischen des Küvetteninhalts benutzt werden kann.

An Enzymtestpipetten sollten vorhanden sein: 0,05 ml, 0,1 ml, 0,2 ml, 0,5 ml, 1 ml, 2 ml und 3 ml.

Hilfsgeräte: Neben Uhren (Laborwecker oder Stoppuhr), Thermometer, Analysenwaage, Kühlschrank, Wasserbad oder Thermoblock, Eisbad und Meßkolben werden die im lebensmittelanalytischen Labor allgemein üblichen Geräte zum Zerkleinern, Homogenisieren, Extrahieren und Filtrieren oder Zentrifugieren benötigt.

2.3.2. Reagenzien und Reagenzlösungen

Reagenzien für die enzymatische Analyse sind im wesentlichen Puffer-Substanzen, anorganische Kationen und Anionen und Naturstoffe, nämlich Enzyme, Coenzyme und Metabolite; für die Aktivitätsbestimmung von Enzymen auch organische Substrate.

Wasser: dient im allgemeinen zum Lösen der Reagenzien und sollte nicht nur entmineralisiert, sondern auch praktisch frei von Mikroorganismen sein. Man erhält es durch zweifache Destillation oder Entmineralisation und Destillation oder Entmineralisation und Membranfiltration. Wird in den Aufgaben oder in Arbeitsvorschriften zur Durchführung enzymatischer Methoden von „bidest." Wasser gesprochen, so kann auch Wasser verwendet werden, das nach einem der anderen genannten Verfahren hergestellt wurde.

Pufferlösungen: Zu ihrer Herstellung werden p. A.-Substanzen, z. B. der Firma *E. Merck* eingesetzt. Um sie möglichst rein und lange stabil zu halten, werden sie im Kühlschrank aufbewahrt; die jeweils für einen Tag notwendige Menge wird dann dem Vorratsgefäß entnommen und in ein anderes Gefäß umgefüllt, Reste der Tagesmenge werden nicht in das Vorratsgefäß zurückgeschüttet, sondern verworfen. Die Haltbarkeit oder Stabilität der Pufferlösungen ist in der Regel in den Arbeitsvorschriften angegeben.

Coenzyme und Metabolite: Während die Stabilität dieser Substanzen meist viele Monate erhalten bleibt, wenn sie in fester Form vorliegen, sind ihre Lösungen oft nur wenige Wochen, manchmal nur einige Tage haltbar. Aus diesem Grund ist es empfehlenswert, Lösungen in kleinen Mengen möglichst frisch zu bereiten und diese, wie auch die Substanzen, kühl zu lagern. Da die meisten Coenzyme hygroskopisch sind und Feuchtigkeit zu Zersetzungen führt, sind die Substanzen unter Ausschluß von Feuchtigkeit zu lagern. Durch Schutz vor Lichteinwirkung läßt sich die Haltbarkeit der Coenzyme ebenfalls verlängern (NADH ist im Dunkeln etwa 10mal so lange haltbar wie nach indirekter Sonneneinstrahlung).

Enzyme: Für die enzymatische Analyse ist heute eine große Zahl von haltbaren Enzymen bereits in hervorragender Qualität im Handel erhältlich. Ihre Stabilität ist im allgemeinen gut, vor allem, da es inzwischen gelungen ist, sehr empfindliche Enzyme zu stabilisieren. Die Kenntnis der wichtigsten Eigenschaften dieser Handelspräparate ist Voraussetzung für deren richtige Handhabung, insbesondere bei Bestimmungen, für die mehrere Enzyme eingesetzt werden. Es kann nämlich durchaus vorkommen, daß der Stabilisator des einen Enzyms die Reaktion des anderen Enzyms stört. Es ist aber nicht nur wichtig zu wissen, welcher Stabilisator benutzt wurde, sondern auch, aus welchem Organ oder Organismus das Enzym präpariert wurde, weil das gleiche Enzym mit der gleichen EC-Nr. aus verschiedenen Organen verschiedene Nebenaktivitäten haben kann. (Beispiel: Sorbit-Dehydrogenase aus Schafshoden katalysiert auch, allerdings mit bedeutend geringerer Geschwindigkeit, die Oxidation von Glycerin, während Sorbit-Dehydrogenase aus Schafsleber diese Nebenaktivität nicht zeigt.) Ebenfalls entscheidend für den Einsatz eines Enzyms ist die Kenntnis der Aktivität des jeweiligen Handelspräparates, denn von ihr hängt es ab, welche Enzymmengen zum Test eingesetzt werden. In den Arbeitsvorschriften für die enzymatische Analyse, die u. a. auch von Firmen (z. B. *Boehringer Mannheim*) herausgegeben werden, sind Pufferlösungen, Hilfsreagenzien und Enzympräparate nach Art und Menge optimal aufeinander abgestimmt. Bei einem Austausch des einen oder anderen Präparates gegen ein „gleiches" eines anderen Herstellers wird sich der analytische Erfolg in vielen Fällen nur dann einstellen, wenn insgesamt wieder die Testbedingungen der Arbeitsvorschrift erreicht werden.

Die Art der Lagerung von Enzympräparaten ist abhängig von deren Handelsform:

Kristallisierte Enzyme, die in Ammoniumsulfat-Lösung suspendiert sind, sollen bei 0 bis 4 °C gelagert werden. Einfrieren von Kristallsuspensionen führt häufig deshalb zu erheblichen Aktivitätsverlusten, weil durch Änderung der Salzkonzentration infolge des Gefrierens und Auftauens die Struktur der Proteine verändert werden kann. *Gelöste Enzyme* (z. B. in 50%igem Glycerin) sind im allgemeinen im gefrorenen Zustand besser haltbar. *Lyophilisierte Enzyme* werden im Kühlschrank aufbewahrt, wobei geringere Temperaturen wünschenswert, aber praktisch niemals schädlich sind. Jegliche Einwirkung von Feuchtigkeit ist jedoch auszuschalten. Angaben über die jeweils zweckmäßige Aufbewahrung von biochemischen Reagenzien findet man in der Regel in den Katalogen oder Arbeitsvorschriften.

2.4. Anwendung in der Lebensmittelanalytik

Die Prüfung auf das Vorhandensein von Enzymen nach Art und Menge, die für bestimmte Lebensmittel eigentümlich sind, zur Kennzeichnung des Frischezustandes oder zur Erkennung besonderer Behandlung bzw. zur Ermittlung beginnender Verderbnis stellt eine Forschungsrichtung dar, die in der Lebensmittelchemie bereits seit langer Zeit bearbeitet wird. Die Bestimmung von Lebensmittelinhaltsstoffen mit Hilfe enzymkatalysierter Reaktionen hat in dem Maß zugenommen, wie es gelungen ist, entsprechende Enzyme in großer Reinheit zu gewinnen. Bereits heute nimmt die enzymatische Lebensmittelanalytik aufgrund der Einfachheit, Schnelligkeit und Spezifität der Methodik einen immer breiteren Raum ein. Darüberhinaus wird man mit weiteren Fortschritten rechnen können, da viele Enzyme aus Mikroorganismen gewonnen werden und die Züchtung neuer Stämme, die Entwicklung technologischer Verfahren hierfür und zur Enzymisolierung noch nicht abgeschlossen sind, aber auch andere Rohstoffquellen pflanzlicher und tierischer Art noch weiter ausgeschöpft werden können. Da sich enzymatische Methoden hervorragend zu halb- und z. T. auch vollautomatischen Meßverfahren entwickeln lassen, werden sie auch aus diesem Grund an Bedeutung gewinnen.

Nachfolgend werden einige Anwendungsbeispiele aufgezählt:

2.4.1. Messung von Enzymaktivitäten

1. Bestimmung von Phosphatasen und Peroxidasen in Milch zur Erkennung des Erhitzungsverfahrens;

2. Bestimmung von Katalase in Milch zur Erkennung von Sekretionsstörungen oder Eutererkrankungen;

3. Bestimmung von Reduktasen in Milch zur Erkennung von bakteriellen Verunreinigungen;

4. Bestimmung von Amylase in Getreideprodukten (z. B. Mehl oder Malzextrakt) zur Beurteilung des Zuckerbildungsvermögens bei der Teigbereitung bzw. des Stärkeverflüssigungsvermögens;

5. Bestimmung der Amylase (Diastasezahl) und Saccharase in Honig zur Beurteilung des Behandlungsverfahrens;

6. Bestimmung der Peroxidase bei der Obst- und Gemüseverarbeitung zur Beurteilung des Blanchier-, Dämpf- oder Darrprozesses;

7. Bestimmung der Glutamat-Oxalacetat-Transaminase (GOT)

zur Unterscheidung von Frischfleisch und aufgetautem Gefrierfleisch;

8. Bestimmung der Phosphatase oder Carbesterase zur Feststellung der ausreichenden Erhitzung von Fleischerzeugnissen;

9. Aktivitätsbestimmungen zur Kennzeichnung und Bewertung von Enzympräparaten, die zur Be- und Verarbeitung von Lebensmitteln eingesetzt werden.

10. Bei der Bestimmung der Hemmung verschiedener Enzyme durch verschiedene Substanzen (Cholinesterasen durch insektizide Phosphorsäureester, Carboanhydrase durch DDT, Phosphatasen durch Fluorid usw.) ist eine besondere Kritik bei der Auswertung der Ergebnisse erforderlich wegen der meist sehr unübersichtlichen Substrat- und Reaktionsbedingungen.

2.4.2. Substratbestimmungen

Besondere Bedeutung kommt der Analyse von Kohlenhydraten, organischen Säuren, Alkoholen und verschiedenen Stickstoffverbindungen zu, z. B.

1. Glucose, Fructose, Maltose, Saccharose in Getränken, Backwaren, Schokolade, Zucker und Zuckerwaren;

2. Lactose in Milchschokolade oder Milchbrötchen, Schmelzkäse u. a.;

3. Raffinose in Weißzucker oder Melasse;

4. Stärke in diätetischen Lebensmitteln, Frikadellen u. a.;

5. Glucono-lacton in Backwaren oder Rohwurst;

6. Essigsäure, D- und L-Milchsäure in Getränken und Sauergemüse, Milchprodukten und Käse;

7. Äpfelsäure, Milchsäure, Bernsteinsäure, Citronensäure, Isocitronensäure in Säften und Weinen;

8. Brenztraubensäure in Milch zur Erkennung bakterieller Verunreinigungen;

9. Äthanol und Glycerin in Getränken;

10. Sorbit in Wein, Diabetiker-Lebensmitteln u. a.;

11. Cholesterin in eihaltigen Lebensmitteln;

12. Asparaginsäure in Zuckerrüben;

13. Glutaminsäure, Guanosin-5'-monophosphat, Creatin und Creatinin in Fleischextrakten, Suppen und Würzen;

14. Harnstoff in Fleischwaren;

15. Pyrophosphat in Brühwürsten.

2.5. Aufgaben

Bei den folgenden Aufgaben werden Lösungen reiner Substrate eingesetzt, weil lediglich die Technik der enzymatischen Analyse erlernt werden soll. Die Vorbereitung von Lebensmittelproben für die enzymatische Analyse wird in Abschnitt 2.6. behandelt.

Die Auswahl der Aufgaben erfolgte unter dem Gesichtspunkt, daß möglichst viele Methoden der Analytik mit Hilfe von Enzymen aufgezeigt werden.

Die bei der Ausarbeitung und Überprüfung der Aufgaben eingesetzten Biochemikalien wurden von *Boehringer Mannheim,* die übrigen Reagenzien von *E. Merck* oder *Riedel de Häen* bezogen.

2.5.1. Allgemeine Hinweise

Treten Störungen bei der Versuchsdurchführung auf, d. h. werden die erwarteten Ergebnisse nicht erreicht, so ist zunächst zu prüfen, ob hinsichtlich der Geräte und Reagenzien alle Hinweise des Abschnitts 2.3. beachtet wurden. Es wird folgende Check-Liste vorgeschlagen:

a) Funktioniert das Photometer?
   Prüfung: Ca. 100 mg Kalium-hexacyanoferrat (III) in 500 ml Wasser lösen und $1 + 1$, $1 + 3$ und $1 + 7$ verdünnen. Die Extinktionen dieser 4 Lösungen, bei 340 oder 365 nm gegen Wasser gemessen, müssen sich wie $1 : 0,5 : 0,25 : 0,125$ verhalten!

b) Sind die Glasgeräte sauber?
   Gründliches Spülen ist zur Entfernung von Spülmittelresten unbedingt notwendig!

c) Ist das destillierte Wasser in Ordnung?

d) Ist das richtige Filter eingesetzt?

e) Wie alt sind die Lösungen? Standen sie im Kühlschrank? Wachsen Mikroorganismen in den Lösungen?

f) Wurde die im Kühlschrank aufbewahrte Pufferlösung vor Gebrauch auf Zimmertemperatur gebracht?

g) Können Pipettenfehler ausgeschlossen werden?

h) Sind die Küvetten auch außen sauber? Haben sich innen Luftblasen gebildet, die sich im Strahlengang befinden?

i) Sitzt die Küvette richtig in der Halterung?

k) Ist die Anfangs- oder Endextinktion zu hoch und damit schlecht ablesbar?
   Extinktionen über 0,500 mit Stufenschaltung kompensieren!

l) Stimmt der pH-Wert der Testlösung?

m) Wurde genügend bzw. genügend konzentrierte Probelösung eingesetzt?

n) Ist die Probelösung zu konzentriert ($\Delta E > 0,500$)? Wiederholen des Tests mit verdünnterer Probelösung!

o) Ist das Testsystem in Ordnung (z. B. Enzymaktivität, Coenzymkonzentration)?

Nachstarten: Nach Stillstand der Reaktion wird eine kleine Menge des reinen Substrats zugesetzt und die Küvette wieder in den Strahlengang gebracht. Ein sehr langsames Ansteigen (oder Sinken) der Extinktion deutet auf verminderte Enzymaktivität hin; ändert sich die Extinktion gar nicht, so reicht das (oder eins der) Coenzym(e) nicht aus! (*Achtung:* Sind bei einem Test mehrere Enzyme bei verschiedenen pH-Werten beteiligt, so wird dasjenige Substrat zugesetzt, welches im letzten System umgesetzt wird, z. B. Glucose bei der Stärke- oder Saccharosebestimmung!)

2.5.2. Überprüfung der Pipettiergenauigkeit und der Gültigkeit des Lambert-Beerschen Gesetzes

Prinzip: Die Extinktionen von NADH-Lösungen werden gegen die Konzentrationen auf Millimeterpapier aufgetragen. Dabei wird jede Testlösung 4mal hergestellt und 3mal gemessen, so daß sich für jede Konzentration 4 Meßpunkte als Mittelwert aus 3 Ablesungen ergeben.

Reagenzien:

I. 0,1 M Pyrophosphat-Puffer, pH 9,5 : 11,15 g $Na_4P_2O_7 \cdot 10$ H_2O in 200 ml bidest Wasser lösen, mit ca. 5 ml 0,1 N HCl auf pH 9,5 einstellen und auf 250,0 ml mit bidest. Wasser auffüllen.

II. NADH-Lösung: 31,25 mg reduz. Nicotinamid-adenin-dinucleotid-di-Natriumsalz (NADH-Na_2) und 62,5 mg $NaHCO_3$ mit bidest. Wasser für Messungen bei 365 nm zu 50,0 ml und für Messungen bei 334 oder 340 nm zu 100,0 ml lösen.

Durchführung: In die Küvette werden nacheinander 0,01; 0,02; 0,05; 0,08; 0,10; 0,15; 0,20; 0,30; 0,50; 0,80; 1,20 und 1,60 ml NADH-Lösung pipettiert und mit dem Puffer jeweils auf 3,00 ml ergänzt. Die Extinktionen werden gegen die reine Pufferlösung gemessen und gegen die ml NADH-Lösung aufgetragen. (Achtung, zunächst mit reiner Pufferlösung Gleichheit der Küvetten prüfen!)

Ergebnis: Die Kurve verläuft bis zu der Extinktion von nahezu 1,4 (bei 365 nm, Eppendorf-Photometer) bzw. 1,25 (bei 340 nm, Zeiss-PMQ III) gerade und geht (verlängert) durch den Nullpunkt. Die prozentuale Abweichung der Ablesungen nimmt mit steigender Extinktion ab. Bei exaktem Pipettieren liegt die Streuung der Meßpunkte innerhalb der Streuung der Ablesungen.

2.5.3. Aufnahme von Extinktions/Zeit-Kurven am Beispiel der D-Sorbit-Bestimmung

Prinzip: D-Sorbit wird in der durch Sorbit-Dehydrogenase (SDH) katalysierten enzymatischen Reaktion mit Nicotinamid-adenin-dinucleotid (NAD) zu Fructose oxidiert. Hierbei entsteht reduziertes Nicotinamid-adenin-dinucleotid (NADH).

$$D\text{-Sorbit} + NAD^+ \overset{SDH}{\rightleftharpoons} Fructose + NADH + H^+$$

Das Gleichgewicht der Reaktion liegt unter den Testbedingungen vollkommen auf der Seite von Fructose und NADH. Die während der Reaktion gebildete NADH-Menge ist der Sorbit-Menge äquivalent. Die Reaktionsgeschwindigkeit wird durch Messung der Extinktion bei 334, 340 oder 365 nm in Abständen von jeweils 5 min, die gegen die Zeit auf Millimeterpapier aufgetragen wird, dargestellt, wobei 1 Teilstrich 1 min bzw. 0,004 Extinktionseinheiten entspricht. Die Reaktion wird mit reiner Sorbit-Lösung und in Gegenwart verschiedener Mengen Fructose durchgeführt.

Reagenzien:
I.   0,1 M Pyrophosphat-Puffer, pH 9,5 : s. Abschn. 2.5.2.
II.   ca. 30 mM NAD-Lösung: 40 mg β-NAD, Reinheitsgrad II (89 %) mit 2 ml bidest. Wasser lösen.
III. SDH-Lösung, 100 U/ml : 12 mg SDH aus Schafsleber, Lyophilisat (entspr. 2 mg Enzymprotein + 10 mg Maltose), 25 U/mg Enzymprotein, in 0,5 ml bidest. Wasser lösen. Die Lösung ist bei 4 °C mindestens 2 Wochen, eingefroren mindestens 4 Wochen haltbar.
IV.   Sorbit-Lösung: 20 mg D-Sorbit mit bidest. Wasser zu 100,0 ml lösen.
V.   Sorbit-Fructose-Lösung: 20 mg D-Sorbit + 30 bzw. 50 bzw. 100 bzw. 200 mg Fructose mit bidest. Wasser zu 100,0 ml lösen.

131

In Küvetten pipettieren	Leerwert	Probe 1 (Lsg. IV)	Probe 2 (Lsg. V)
Puffer (I)	2,50 ml	2,50 ml	2,50 ml
NAD (II)	0,10ml	0,10 ml	0,10 ml
Probe	–	0,20 ml	0,20 ml
Wasser	0,20 ml	–	–

mischen und Extinktionen der Lösungen gegen Luft (keine Küvette im Strahlengang) messen (E_1). Reaktion starten durch Zugabe von 0,05 ml SDH-Lösung unter gleichzeitiger Zeitnahme, mischen, E_2 bei Leerwert und Proben in Abständen von 5 min ebenfalls gegen Luft messen und gegen die Zeit auftragen, bis die Reaktion zum Stillstand gekommen ist.

Die Berechnung des prozentualen Sorbitgehaltes erfolgt nach Abschnitt 2.2.7.1.2.

Extinktionskoeffizient von NADH bei

$$340 \text{ nm} = 6,22 \cdot 10^6 \text{ [cm}^2\text{/Mol]}$$
$$\text{Hg } 334 \text{ nm} = 6,1 \ \cdot 10^6 \text{ [cm}^2\text{/Mol]}$$
$$\text{Hg } 365 \text{ nm} = 3,4 \ \cdot 10^6 \text{ [cm}^2\text{/Mol]}$$

Molekulargewicht des Sorbits $= 182,17$.

Ergebnis: Die Kurve der Probe 1 steigt in den ersten 5 min steil an, erreicht nach etwa 7 min die halbmaximale Extinktionsdifferenz und wird dann merklich flacher, um nach ca. 70 min die maximale Extinktion zu erreichen und waagerecht zu verlaufen. Die Kurven der Probe 2 sind bei geringem Fructosegehalt mit dieser Kurve identisch, werden mit steigendem Fructosegehalt oben geringfügig flacher und erreichen allmählich zwar etwas später den waagerechten Teil, aber die gleiche maximale Extinktion.

Der Sorbitgehalt beträgt je nach eingesetztem Präparat 80 bis 98 %.

2.5.4. Bestimmung von L-Malat

Prinzip: L-Malat wird in Gegenwart von L-Malat-Dehydrogenase (L-MDH) zu Oxalacetat oxidiert, wobei NAD zu NADH reduziert wird. Da das Gleichgewicht dieser Reaktion jedoch auf der Seite von Malat und NAD liegt, kann L-Malat nur bestimmt werden, wenn durch Abfangen des Oxalacetats das Gleichgewicht auf die Seite von Oxalacetat und NADH verschoben wird. Dies ist möglich mit Hilfe einer nachgeschalteten Reaktion mit dem Enzym Glutamat-Oxalacetat-Transaminase (GOT) in Gegenwart von L-Glutamat.

$$\text{L-Malat} + \text{NAD}^+ \xrightleftharpoons{\text{L-MDH}} \text{Oxalacetat} + \text{NADH} + \text{H}^+$$

$$\text{Oxalacetat} + \text{L-Glutamat} \xrightleftharpoons{\text{GOT}} \text{L-Aspartat} + \alpha\text{-Ketoglutarat.}$$

Die während der Reaktion gebildete NADH-Menge ist der L-Äpfelsäure-Menge äquivalent, NADH ist Meßgröße.

Reagenzien:

I. 0,6 M Glycylglycin/0,1 M L-Glutamat – Puffer, pH 10,0: 4,75 g Glycylglycin + 0,88 g L-Glutaminsäure mit ca. 50 ml bidest. Wasser lösen, mit ca. 4,6 ml 10 N NaOH auf pH 10,0 einstellen und mit bidest. Wasser auf 60,0 ml auffüllen. Die Lösung ist bei 4 °C mindestens 3 Monate haltbar.

II. ca. 47 mM NAD-Lösung: 70 mg β-NAD, Reinheitsgrad II (89 %), mit 2 ml bidest. Wasser lösen.

III. GOT-Lösung, 400 U/ml : 2 mg GOT aus Schweineherz, Kristallsuspension in 1 ml 3,2 M Ammoniumsulfat-Lösung, 2,5 mM α-Ketoglutarat, 50 mM Maleat, pH 6.
Die Suspension ist bei 4 °C mindestens 1 Jahr haltbar.

IV. L-MDH-Lösung, 6 000 U/ml : 5 mg MDH aus Schweineherz in 1 ml 50%igem Glycerin gelöst.
Haltbarkeit wie GOT.

V. L-Äpfelsäure-Lösung, 0,1 mg/ml : 100 mg L-Äpfelsäure (oder 200 mg D-L-Äpfelsäure) mit bidest. Wasser zu 100,0 ml lösen, diese Lösung 1 : 10 verdünnen. Vor Gebrauch frisch bereiten.

Durchführung:

In Küvetten pipettieren	Leerwert	Probe 1	Probe 2	Probe 3
Puffer (I)	1,00 ml	1,00 ml	1,00 ml	1,00 ml
NAD (II)	0,20 ml	0,20 ml	0,20 ml	0,20 ml
GOT (III)	0,01 ml	0,01 ml	0,01 ml	0,01 ml
Wasser	1,50 ml	1,40 ml	1,30 ml	1,20 ml
Lösung V	–	0,10 ml	0,20 ml	0,30 ml

133

mischen und nach ca. 3 min Extinktionen der Lösungen gegen Luft messen(E_1). Reaktion starten durch Zugabe von 0,01 ml L-MDH-Lsg. in jede Küvette und nach Ablauf der Reaktion (ca. 5–10 min) Extinktionen (E_2) ablesen.

Gehaltsbestimmung nach Abschn. 2.2.7.1.2. Extinktionskoeffizient s. Abschn. 2.5.3., Molekulargewicht der L-Äpfelsäure = 134,09.

Ergebnis: Die Extinktionsdifferenzen der Proben, vermindert um die des Leerwertes, verhalten sich wie 1 : 2 : 3.

Bei Einsatz des Racemats ist die optische Spezifität nachgewiesen.

2.5.5. Bestimmung von Pyruvat

Prinzip: Pyruvat wird in Gegenwart des Enzyms L-Lactat-Dehydrogenase (L-LDH) zu L-Lactat reduziert, wobei NADH zu NAD oxidiert wird.

$$\text{Pyruvat} + \text{NADH} + \text{H}^+ \xrightleftharpoons{\text{L-LDH}} \text{L-Lactat} + \text{NAD}^+$$

Das Gleichgewicht liegt auf der Seite von L-Lactat und NAD. Die während der Reaktion verbrauchte NADH-Menge ist der Pyruvat-Menge äquivalent und Meßgröße.

Reagenzien:
I. 0,75 M Triäthanolamin/7,5 mM EDTA-Puffer, pH 7,6 : 5,6 g Triäthanolamin-Hydrochlorid + 0,28 g EDTA-Na_2H_2 · $2H_2O$ in ca. 80 ml bidest. Wasser lösen, mit ca. 2 ml 5 N NaOH auf pH 7,6 einstellen und mit bidest. Wasser zu 100 ml auffüllen.
   Die Lösung ist bei 4 °C mindestens 4 Wochen haltbar.
II. ca. 6 mM NADH-Lösung: 25 mg β-NADH Dinatriumsalz, Reinheitsgrad II (78 %) + 50 mg $NaHCO_3$ in 5 ml bidest. Wasser lösen.
   Die Lösung ist bei 4 °C im Dunkeln mind. 4 Wochen haltbar.
III. L-LDH-Suspension, 2 750 U/ml : 10 mg LDH aus Kaninchenmuskel (ca. 550 U/mg) in 2 ml 3,2 M Ammoniumsulfat-Lösung suspendiert, pH ca. 7; bei 4 °C 1 Jahr haltbar.
IV. Brenztraubensäurelösung, 0,08 mg/ml : 80 mg Brenztraubensäure mit bidest. Wasser zu 100,0 ml lösen, diese Lösung 1 : 10 verdünnen.

Durchführung:

In Küvetten pipettieren	Leerwert	Probe 1	Probe 2	Probe 3
Puffer (I)	1,00 ml	1,00 ml	1,00 ml	1,00 ml
NADH (II)	0,10 ml	0,10 ml	0,10 ml	0,10 ml
Wasser	2,00 ml	1,90 ml	1,80 ml	1,70 ml
Lösung IV	–	0,10 ml	0,20 ml	0,30 ml

mischen und Extinktionen der Lösungen gegen Luft messen (E_1). Reaktion starten durch Zugabe von 0,02 ml L-LDH-Suspension in jede Küvette, mischen und nach Ablauf der Reaktion (ca. 5—6 min) Extinktionen (E_2) ablesen. Falls die Reaktion nach 6 min nicht zum Stillstand gekommen ist, „Schleich" in Abständen von 1 min messen.

Auswertung und Gehaltsbestimmung nach Abschn. 2.2.7.1.3. bzw. 2.2.7.1.2. Extinktionskoeffizient s. Abschn. 2.5.3., Molekulargewicht der Brenztraubensäure = 88,1.

Ergebnis: Die Extinktionsdifferenzen der Proben, vermindert um die des Leerwertes, verhalten sich wie 1 : 2 : 3.

2.5.6. Bestimmung von Citrat

Prinzip: Citrat wird durch das Enzym Citrat-Lyase (CL) katalytisch in Oxalacetat und Acetat überführt. Diese Reaktion ist nicht direkt meßbar. Das Oxalacetat läßt sich jedoch durch MDH zu Malat reduzieren, wobei NADH oxidiert wird (vgl. Abschn. 2.5.4.). Da ein Teil des Oxalacetats als sein Decarboxylierungsprodukt Pyruvat vorliegt und sich so der obigen Bestimmung entzieht, muß auch das Pyruvat in einer enzymkatalysierten Reaktion umgesetzt werden (vgl. Abschn. 2.5.5.).

1. Citrat $\xrightarrow{CL}$ Oxalacetat + Acetat.

2a. Oxalacetat + NADH + H$^+$ $\xrightarrow{MDH}$ L-Malat + NAD$^+$.

2b. Pyruvat + NADH + H$^+$ $\xrightarrow{LDH}$ L-Lactat + NAD$^+$.

Die während der Reaktionen 2a und 2b verbrauchten NADH-Mengen sind der Citrat-Menge äquivalent. NADH ist Meßgröße.

Reagenzien:

I. 0,51 M Glycylglycin/60 μM Zn^{2+}-Puffer, pH 7,8 : 7,13 g
    Glycylglycin mit ca. 70 ml bidest. Wasser lösen, mit ca. 13 ml
    5 N NaOH auf pH 7,8 einstellen, 10 ml Zinkchlorid-Lösung
    (80 mg ZnCl$_2$ in 100 ml Wasser) zugeben und mit bidest.
    Wasser zu 100,0 ml auffüllen. Der Puffer ist bei 4 °C mind.
    2 Wochen haltbar.

II. ca. 6 mM NADH-Lösung: s. Abschn. 2.5.5.

III. MDH/LDH-Suspension, 600/1 375 U/ml : 0,5 ml der LDH
    Schweineherz (1 200 U/mg) in 1 ml 3,12 M Ammoniumsulfat-
    fatlösung und 0,1 ml Kristallsuspension von 5 mg MDH aus
    Schweineherz (1 200 U/mg) in 1 ml 3,2 M Ammoniumsulfat-
    lösung, pH 6, gemischt. Die Suspension ist bei 4 °C mind.
    1 Jahr haltbar.

IV. CL-Lösung, 40 U/ml : 63 mg CL aus Aerobacter aerogenes,
    Lyophilisat (entspr. 15 mg Enzymprotein mit 8 U/mg + 15 mg
    Rinderserumalbumin + 30 mg Saccharose + 3 mg Magne-
    siumsulfat) mit 3 ml eiskaltem bidest. Wasser lösen. Die Lö-
    sung ist bei 4 °C mind. 1 Woche, eingefroren mind. 4 Wochen
    haltbar.

V. Citronensäure-Lösung, 0/11 mg/ml.

Durchführung:

In Küvetten pipettieren	Leerwert	Probe 1	Probe 2	Probe 3
Puffer (I)	1,00 ml	1,00 ml	1,00 ml	1,00 ml
NADH (II)	0,10 ml	0,10 ml	0,10 ml	0,10 ml
Wasser	2,00 ml	1,80 ml	1,60 ml	1,40 ml
Lösung V	–	0,20 ml	0,40 ml	0,60 ml
MDH/LDH (III)	0,02 ml	0,02 ml	0,02 ml	0,02 ml

mischen und nach Stillstand der Reaktion (3–5 min) Extinktionen
der Lösungen gegen Luft messen (E_1). Reaktion starten durch Zugabe von 0,02 ml CL in jede Küvette, mischen und nach Ablauf
der Reaktion (5–10 min) Extinktionen der Lösungen ablesen (E_2).
Gehaltsbestimmung nach Abschn. 2.2.7.1.2.

Extinktionskoeffizient s. Abschn. 2.5.3. Molekulargewicht der
Citronensäure = 192,1.

Ergebnis: Die Extinktionsdifferenzen der Proben, vermindert um die des Leerwertes, verhalten sich wie 1 : 2 : 3.

2.5.7. Bestimmung von Glycerin

Prinzip: Glycerin kann mit Hilfe von Glycerokinase (GK) durch Adenosin-5'-triphosphat (ATP) zu Glycerin-3-phosphat phosphoryliert werden. Auch diese Reaktion ist nicht direkt meß-bar. Zur weiteren Analyse verwendet man hier das bei der obigen Reaktion aus dem ATP entstandene Adenosin-5'-diphosphat (ADP). Dieses kann mittels Pyruvatkinase (PK) durch Phosphoenolpyruvat (PEP) wieder in ATP überführt werden, wobei eine dem ADP und damit dem Glycerin äquivalente Menge Pyruvat gebildet wird. Dieses wird nun wie in Abschnitt 2.5.5. leicht unter Oxidation von NADH umgesetzt.

Glycerin + ATP $\underset{\rightleftharpoons}{GK}$ Glycerin-3-phosphat + ADP.

ADP + PEP $\underset{\rightleftharpoons}{PK}$ ATP + Pyruvat.

Pyruvat + NADH + H$^+$ $\underset{\rightleftharpoons}{LDH}$ Lactat + NAD$^+$.

Damit ist auch die während der Reaktion verbrauchte NADH-Menge der Glycerin-Menge äquivalent und NADH Meßgröße.

Reagenzien:
I.   0,75 M Glycylglycin/10 mM Mg^{2+}-Puffer, pH 7,6 : 10,0 g Glycylglycin + 0,25 g MgSO$_4$ · 7 H$_2$O mit ca. 80 ml bidest. Wasser lösen, mit ca. 2,4 ml 5 N NaOH auf pH 7,6 bringen und mit bidest. Wasser zu 100 ml auffüllen. Der Puffer ist bei 4 °C mindestens 3 Monate haltbar.
II. 8,4 mM NADH/33 mM ATP/46 mM PEP-Lösung: 35 mg β-NADH Dinatriumsalz, Reinheitsgrad II (78 %), + 100 mg ATP Dinatriumsalz + 50 mg PEP Mononatriumsalz + 250 mg NaHCO$_3$ in 5 ml bidest. Wasser lösen. Die Lösung ist bei 4 °C mind. 14 Tage haltbar.
III. PK/LDH-Suspension: Gemisch dieser beiden Enzyme aus Kaninchenmuskel im Handel erhältlich, bei 4 °C 1 Jahr haltbar.
IV. GK-Suspension, 85 U/ml : 1 mg GK aus Candida mycoderma in 1 ml 3,2 M Ammoniumsulfatlösung mit 1 % Äthylenglycol (v/v) suspendiert. Die Suspension ist bei 4 °C 1 Jahr haltbar.
V.   Glycerinlösung, 0,10 mg/ml.

In Küvetten pipettieren	Leerwert	Probe 1	Probe 2	Probe 3
Puffer (I)	1,00 ml	1,00 ml	1,00 ml	1,00 ml
NADH/ATP/ PEP (II)	0,10 ml	0,10 ml	0,10 ml	0,10 ml
Wasser	2,00 ml	1,90 ml	1,80 ml	1,70 ml
Probelösung (V)	–	0,10 ml	0,20 ml	0,30 ml
PK/LDH (III)	0,01 ml	0,01 ml	0,01 ml	0,01 ml

mischen, nach ca. 3 min Extinktionen der Lösungen gegen Luft messen (E_1). Reaktion starten durch Zugabe von 0,01 ml GK-Suspension in jede Küvette, mischen und nach Ablauf der Reaktion (ca. 5–10 min) Extinktionen der Lösungen ablesen (E_2), gegebenenfalls „Schleich" in Abständen von 2 min messen.

Auswertung und Gehaltsbestimmung nach Abschn. 2.2.7.1.3. bzw. 2.2.7.1.2.

Extinktionskoeffizient s. Abschn. 2.5.3. Molekulargewicht des Glycerins = 92,01.

Ergebnis: Die Extinktionsdifferenzen der Proben, vermindert um die des Leerwertes, verhalten sich wie 1 : 2 : 3.

2.5.8. Bestimmung von Glucose und Fructose

Prinzip: Beide Monosaccharide werden mit Hilfe des Enzyms Hexokinase (HK) durch ATP am 6. C-Atom phosphoryliert. Anschließend wird durch NADP in Gegenwart des Enzyms Glucose-6-phosphat-Dehydrogenase (G6P-DH) spezifisch das Glucose-6-phosphat oxidiert, wobei eine der Glucose äquivalente Menge NADPH entsteht. Nach Ablauf dieser Reaktion kann in der gleichen Küvette auch die Fructose bestimmt werden, und zwar dadurch, daß Fructose-6-phosphat mit Hilfe des Enzyms Phosphoglucose-Isomerase (PGI) in Glucose-6-phosphat überführt wird. Dieses reagiert dann, durch G6P-DH katalysiert, wiederum mit NADP, wobei nun auch eine der Fructose äquivalente Menge NADPH gebildet wird.

Glucose + ATP $\overset{HK}{\rightleftharpoons}$ G-6-P + ADP

Fructose + ATP $\overset{HK}{\rightleftharpoons}$ F-6-P + ADP

G-6-P + NADP$^+$ $\overset{G6P-DH}{\rightleftharpoons}$ Gluconat-6-P + NADPH + H$^+$

F-6-P $\overset{PGI}{\rightleftharpoons}$ G-6-P.

NADPH ist in beiden Fällen Meßgröße.

Reagenzien:

I. 0,75 M Triäthanolamin/10 mM Mg^{2+}-Puffer, pH 7,6 : 14,0 g Triäthanolamin-Hydrochlodrid + 0,25 g MgSO$_4$ · 7H$_2$O in 80 ml bidest. Wasser lösen, mit ca. 5 ml 5 N NaOH auf pH 7,6 einstellen und mit bidest. Wasser zu 100 ml auffüllen. Der Puffer ist bei 4 °C mindestens 4 Wochen haltbar.

II. 11,5 mM NADP-Lösung: 50 mg NADP Dinatriumsalz mit 5 ml bidest. Wasser lösen. Die Lösung ist bei 4 °C mind. 4 Wochen haltbar.

III. 81 mM ATP-Lösung: 250 mg ATP Dinatriumsalz + 250 mg NaHCO$_3$ mit 5 ml bidest. Wasser lösen. Die Lösung ist bei 4 °C mindestens 4 Wochen haltbar.

IV. HK/G6P-DH – Suspension: Gemisch dieser beiden Enzyme aus Hefe als Kristallsuspension im Handel erhältlich, bei 4 °C mindestens 1 Jahr haltbar.

V. PGI-Suspension, 700 U/ml : 2 mg PGI aus Hefe in 1 ml 3,2 M Ammoniumsulfatlösung suspendiert, pH 6. Die Suspension ist bei 4 °C mind. 1 Jahr haltbar.

VI. Glucose/Fructose-Lösung, 140 μg Glucose + 70 μg Fructose/ml.

Durchführung:

In Küvetten pipettieren	Leerwert	Probe 1	Probe 2	Probe 3
Puffer (I)	1,00 ml	1,00 ml	1,00 ml	1,00 ml
NADP (II)	0,10 ml	0,10 ml	0,10 ml	0,10 ml
ATP (III)	0,10 ml	0,10 ml	0,10 ml	0,10 ml
Wasser	2,00 ml	1,90 ml	1,80 ml	1,70 ml
Lösung (VI)	–	0,10 ml	0,20 ml	0,30 ml

mischen, nach ca. 3 min Extinktionen der Lösungen gegen Luft messen (E$_1$). Erste Reaktion starten durch Zugabe von 0,02 ml der

HK/G6P-DH – Suspension (IV) in jede Küvette, mischen, Stillstand der Reaktion abwarten (10–15 min) und Extinktionen der Lösungen ablesen (E_2). Zweite Reaktion starten durch Zugabe von 0,02 ml PGI (V) in jede Küvette, mischen, nach Stillstand der Reaktion (10–15 min) abermals Extinktionen der Lösungen ablesen (E_3).

Gehaltsbestimmung nach Abschn. 2.2.7.1.2., wobei E_2–E_1 zur Glucosebestimmung und E_3–E_2 zur Fructosebestimmung herangezogen wird und darauf zu achten ist, daß die Fructosebestimmung in einem größeren Meßvolumen (V_m) durchgeführt wird.

Extinktionskoeffizient von NADPH bei Hg 365 nm $= 3,45 \cdot 10^6$ [cm^2/Mol], bei den anderen Wellenlängen wie der von NADH (s. Abschn. 2.5.3.)

Molekulargewicht der Hexosen $= 180,16$

Ergebnis: Die Extinktionsdifferenzen $E_2 - E_1$ und $E_3 - E_2$ der Proben, vermindert um die entsprechenden des Leerwertes, verhalten sich innerhalb jeder Probe (nach Volumenkorrektur) wie 2 : 1 und von Probe zu Probe je wie 1 : 2 : 3.

2.5.9. Bestimmung von Saccharose (mit Verdoppelung und Vervierfachung der Empfindlichkeit)

Prinzip: Im allgemeinen wird Saccharose dadurch bestimmt, daß sie mit Hilfe des Enzyms β-Fructosidase zu Glucose und Fructose hydrolysiert wird, und die Glucose (s. Abschn. 2.5.8.) in der HK/G6P-DH-Reaktion durch das dabei entstehende NADPH zur Messung gelangt, wobei die NADPH-Menge der Saccharose-Menge äquivalent ist. Durch gleichzeitiges oder nachträgliches Einsetzen von PGI wird auch die Fructose umgesetzt und die insgesamt gebildete NADPH-Menge ist der halben Saccharose-Menge äquivalent, die Empfindlichkeit wird also verdoppelt. Wenn man nun das in der HK/G6P-DH-Reaktion entstandene Gluconat-6-phosphat mit Hilfe der 6-Phosphogluconat-Dehydrogenase (6PG-DH) umsetzt, entsteht abermals NADPH. Die insgesamt gebildete NADPH-Menge ist jetzt einem Viertel der Saccharose-Menge äquivalent, die Empfindlichkeit also vervierfacht.

Saccharose $+ H_2O \xrightarrow{\beta\text{-Fructosidase}}$ Glucose $+$ Fructose

weitere Reaktionen der Glucose $+$ Fructose s. Abschn. 2.5.8.

Gluconat-6-phosphat $+ NADP^+ \xrightarrow{6\text{PG-DH}}$ Ribulose-5-P $+$ NADPH $+ CO_2 + H^+$

140

Da das pH-Optimum der β-Fructosidase im sauren, das der anderen Enzyme im schwach alkalischen Bereich liegt, muß nach der Inversion umgepuffert werden.

Reagenzien:

I. 89 mM Citrat-Puffer, pH 4,6 : 6,9 g Citronensäure + 9,1 g Natriumcitrat in ca. 150 ml bidest. Wasser lösen, mit 0,2 N NaOH auf pH 4,6 einstellen und mit bidest. Wasser auf 200 ml auffüllen. Der Puffer ist bei 4 °C mind. 1 Jahr haltbar.

II. β-Fructosidase-Lösung, 750 U/ml : 10 mg β-Fructosidase aus Hefe, Trockenpulver, 150 U/mg, in 2 ml bidest. Wasser lösen. Die Lösung ist mindestens 1 Woche haltbar.

III. 0,75 M Triäthanolamin/10 mM Mg^{2+}-Puffer: s. Abschn. 2.5.8.

IV. 11,5 mM NADP-Lösung: s. Abschn. 2.5.8.

V. 81 mM ATP-Lösung: s. Abschn. 2.5.8.

VI. HK/G6P-DH – Suspension: s. Abschn. 2.5.8.

VII. PGI-Suspension: s. Abschn. 2.5.8.

VIII. 6PG-DH – Suspension, 24 U/ml : 2 mg 6PG-DH aus Hefe in 1 ml 3,2 M Ammoniumsulfat-Lösung, pH 7,5; standardisiert mit Rinderserumalbumin. Die Suspension ist bei 4 °C mindestens 1 Jahr haltbar.

IX. Saccharoselösung: 0,085 mg/ml (für Messungen bei 365 nm) bzw. 0,045 mg/ml (für Messungen bei 340 oder 334 nm).

Durchführung: Das folgende Pipettierschema wird vorgeschlagen, um die einzelnen Reaktionsschritte messen zu können. Selbstverständlich können nach dem Umpuffern auch alle Enzyme bis auf HK/G6P-DH vor der Messung von E_1 zugegeben werden. Mit HK/G6P-DH wird dann die Reaktionskette gestartet.

In Küvetten pipettieren	Leerwert	Probe 1 bis 12
Citrat-Puffer (I)	0,20 ml	0,20 ml
Probelösung (IX)	–	0,10 ml
β-Fructosidase (II)	0,02 ml	0,02 ml

mischen, 15 min bei 20–25° C stehen lassen, dann

Puffer (III)	1,00 ml	1,00 ml
Wasser	1,70 ml	1,60 ml
NADP (IV)	0,10 ml	0,10 ml
ATP (V)	0,10 ml	0,10 ml

mischen, nach ca. 3 min Extinktionen der Lösungen gegen Luft messen (E_1). Reaktion starten durch Zugabe von

HK/G6P-DH (VI)	0,02 ml	0,02 ml

mischen, nach Stillstand der Reaktion (10–15 min) E_2 ablesen. Nächste Reaktion starten durch Zugabe von

PGI (VII)	0,02 ml	0,02 ml

mischen, nach Stillstand der Reaktion (10–15 min) E_3 ablesen. Letzte Reaktion starten durch Zugabe von

6PG-DH (VIII)	0,05 ml	0,05 ml

mischen, nach Stillstand der Reaktion (10–15 min) E_4 ablesen.

Gehaltsbestimmung nach Abschn. 2.2.7.1.2., wobei für jede Probe

1.) $E_2 — E_1$, 2.) $E_3 - E_1$ und 3.) $E_4 - E_1$

zur Berechnung heranzuziehen ist. Achtung: neben den unterschiedlichen Äquivalenten auch die verschiedenen Meßvolumina beachten. Für alle 3 Reihen wird die Standardabweichung bestimmt (s. Band 1 dieser Reihe).
Extinktionskoeffizienten s. Abschn. 2.5.8.
Molekulargewicht der Saccharose = 342,3

Ergebnis: Die Standardabweichung für die Reihe 1.) ist am größten, die für Reihe 3.) am kleinsten. Deuten Sie dieses Ergebnis!

2.5.10. Erstellung eines Pipettierschemas für die Bestimmung von Glucose und Saccharose in einem Arbeitsgang

Prinzip: In einem Gemisch von Glucose und Saccharose sollen beide Substanzen mit Hilfe *eines* Pipettierschemas bestimmt werden.

142

Hinweis: Die Saccharose wird in diesem Fall mit „einfacher" Empfindlichkeit bestimmt; neben *einem* Leerwert laufen in 2 Küvetten parallel etwas unterschiedliche Reaktionen ab.

Reagenzien: Die erforderlichen Reagenzien wurden auch für Abschn. 2.5.9. benötigt.

Glucose/Saccharose-Lösung: 0,3 mg Glucose + 0,5 mg Sacch./ml.

Durchführung: Das aufgestellte Pipettierschema ist mit der Glucose/Saccharose-Lösung zu testen. Extinktionskoeffizienten und Molekulargewichte s. Abschn. 2.5.8. und 2.5.9.

Ergebnis: Das Pipettierschema ist richtig, wenn die eingesetzten Zucker wiedergefunden werden und die Analyse 15 min nach Ende der Inversion abgeschlossen ist.

2.5.11. Bestimmung von L-Glutamat (Farb-Reaktion)

Prinzip: L-Glutamat wird in Gegenwart des Enzyms Glutamat-Dehydrogenase (GlDH) oxidativ desaminiert zu α-Ketoglutarat, wobei eine der Glutamat-Menge äquivalente Menge NADH gebildet wird.

$$\text{L-Glutamat} + \text{NAD}^+ + \text{H}_2\text{O} \xrightleftharpoons{\text{GlDH}} \alpha\text{-Ketoglutarat} + \text{NADH} + \text{NH}_4^+$$

Das Gleichgewicht der Reaktion liegt weit auf der linken Seite. Eine Messung von NADH wäre dennoch möglich, wenn das Gleichgewicht durch Abfangen von α-Ketoglutarat mit Hydrazin, großem NAD-Überschuß und hohem pH auf die rechte Seite verschoben würden. In diesem Fall müßte man außerdem das Enzym während des Testes durch ADP aktivieren und stabilisieren. Trotzdem läuft die Reaktion nur langsam (ca. 45 min) ab, so daß zusätzlich eine Störung durch eine auch noch bei 365 nm absorbierende NAD-Hydrazin-Verbindung auftritt, die ihr Maximum bei 303 nm hat.

Eleganter überwindet man die ungünstige Gleichgewichtslage der Reaktion durch Abfangen des gebildeten NADH. Dieses geschieht mit Jodnitrotetrazoliumchlorid (INT), welches in Gegenwart des Enzyms Diaphorase unter Oxidation des NADH zu einem Formazan umgesetzt wird (irreversibel).

$$\text{NADH} + \text{INT} + \text{H}^+ \xrightarrow{\text{Diaphorase}} \text{NAD}^+ + \text{Formazan.}$$

Die während der Reaktion gebildete Formazan-Menge ist der L-Glutamat-Menge äquivalent und kann bei 492 nm gemessen werden.

Reagenzien:

I. 0,2 M Triäthanolamin/0,05 M Kaliumphosphat, pH 8,6:

   a) 4,65 g Triäthanolamin-Hydrochlorid mit ca. 80 ml bidest. Wasser lösen, mit ca. 11 ml 2 N KOH auf pH 8,6 einstellen, 1,6 ml Triton X-100 einmischen und auf 100 ml auffüllen.

   b) 2,15 g K_2HPO_4 und 17,5 mg KH_2PO_4 mit bidest. Wasser zu 100 ml lösen.

   60 ml Lösung a) mit 15 ml Lösung b) mischen. Der Puffer ist bei Raumtemperatur mind. 2 Monate haltbar.

II. 6,7 mM NAD-Lösung: 60 mg NAD mit 12 ml bidest Waser lösen.

III. 1,19 mM INT-Lösung: 30 mg INT mit 50 ml bidest. Wasser lösen. Die Lösung ist bei Raumtemperatur im Dunkeln mindestens 1 Monat haltbar.

IV. Diaphorase-Lösung, 80 U/ml : 9 mg Diaphorase aus Schweineherz Lyophilisat, Reinheitsgrad II (entspr. 3 mg Enzymprotein von 80 U/mg und 6 mg Saccharose) in 3 ml bidest. Wasser lösen. Die Lösung ist bei 4 °C mind. 4 Wochen haltbar.

V. GlDH-Lösung, 1200 U/ml : 20 mg GlDH aus Rinderleber, gelöst in 2 ml 50⁰/₀igem Glycerin, bei 4 °C mind. 1 Jahr haltbar.

VI. Glutaminsäure-Lösung, 20 µg/ml: 50 mg Glutaminsäure mit ca. 25 ml bidest. Wasser lösen, mit 2 N KOH auf pH 7,0 bringen und mit bidest. Wasser zu 50,0 ml auffüllen. Diese Lösung 1 : 50 verdünnen. Verdünnte Lösung stets frisch bereiten.

Durchführung:

In Küvetten pipettieren	Leerwert	Probe 1	Probe 2	Probe 3
Puffer (I)	1,00 ml	1,00 ml	1,00 ml	1,00 ml
NAD (II)	0,20 ml	0,20 ml	0,20 ml	0,20 ml
INT (III)	0,20 ml	0,20 ml	0,20 ml	0,20 ml
Diaphorase (IV)	0,05 ml	0,05 ml	0,05 ml	0,05 ml
Wasser	1,50 ml	1,35 ml	1,30 ml	1,25 ml
Probelösung (VI)	–	0,15 ml	0,20 ml	0,25 ml

mischen, nach 2 min Extinktionen der Lösungen gegen Luft messen (E_1). Reaktion starten durch Zugabe von 0,05 ml GlDH (V) in jede Küvette, mischen und nach Stillstand der Reaktion (ca. 10 min) (E_2) ablesen.

Gehaltsbestimmung nach Abschnitt 2.2.7.1.2.

Extinktionskoeffizient von Formazan bei Hg 492 nm = 19,9 · 10[6] [cm²/Mol]

Molekulargewicht der Glutaminsäure = 147,13

Ergebnis: Die Extinktionsdifferenzen der Proben, vermindert um die des Leerwertes, verhalten sich wie 3 : 4 : 5.

2.5.12. Bestimmung von Cholesterin (Farb-Reaktion)

Prinzip: Cholesterin wird durch Sauerstoff in Gegenwart des Enzyms Cholesterin-Oxidase zu Δ^4-Cholestenon oxidiert, wobei gleichzeitig Wasserstoffperoxyd entsteht. Das Cholestenon kann aufgrund seiner Absorption bei 240 nm direkt gemessen werden. Da die Messung bei 240 nm schon durch geringste Trübungen gestört wird und es nicht leicht ist, bei der Extraktion des Cholesterins aus Lebensmitteln vollkommen klare Lösungen zu erhalten, muß ein anderer Weg beschritten werden. Man oxidiert also mit dem bei der Reaktion entstehenden Wasserstoffperoxid in Gegenwart des Enzyms Katalase Methanol zu Formaldehyd. Dieser bildet mit Acetylaceton in Gegenwart von NH_4^+-Ionen einen gelben Lutidin-Farbstoff.

$$\text{Cholesterin} + O_2 \xrightarrow{\text{Cholesterin-Oxidase}} \Delta^4\text{-Cholestenon} + H_2O_2$$

$$H_2O_2 + \text{Methanol} \xrightarrow{\text{Katalase}} \text{Formaldehyd} + 2H_2O$$

$$\text{Formaldehyd} + NH_4^+ + 2 \text{ Acetylaceton} \rightarrow \text{Lutidin} + 3H_2O.$$

Der gebildete Lutidin-Farbstoff ist der Cholesterin-Menge äquivalent und kann aufgrund seiner Absorption bei 405 nm gemessen werden.

Reagenzien:

I. Puffer-Lösung, pH 7,0: 20,0 g di-Ammoniumhydrogenphosphat mit 140 ml bidest. Wasser lösen, mit ca. 1,5 ml Phosphorsäure (85 %) auf pH 7,0 bringen, 20 ml Methanol und 0,45 ml einer Kristallsuspension von 250 mg Katalase aus Rinderleber in 12,5 ml Wasser hinzufügen, unter Rühren lösen und mit bidest. Wasser auf 190 ml auffüllen. Die Lösung ist bei 4 °C mindestens 1 Jahr haltbar.

II. Acetylaceton-Lösung: 3,0 g Dodecylsulfat-Natriumsalz unter vorsichtigem Rühren in etwa 100 ml bidest. Wasser lösen, 0,65 ml Acetylaceton und 1,4 ml Methanol hinzufügen und mit bidest. Wasser auf 120 ml auffüllen. Die Lösung ist bei 4 °C mindestens 1 Jahr haltbar.

III. Cholesterin-Oxidase – Suspension, 6,25 U/ml: 0,3 ml einer Lösung von 1 mg Cholesterin-Oxidase aus Nocardia erythropolis (25 U/mg) in 1 ml 1 M Ammoniumsulfat werden mit 0,9 ml 1 M Ammoniumsulfatlösung gemischt. Die Suspension ist bei 4 °C mindestens 1 Jahr haltbar.

IV. Cholesterin-Lösung, 0,3 mg/ml: 15,0 mg Cholesterin werden mit Isopropanol zu 50,0 ml gelöst.

Durchführung:

In Reagenzgläser pipettieren	Probe 1	Probe 2	Probe 3	Probe 4
Puffer-Lösung (I)	3,30 ml	3,20 ml	3,10 ml	3,00 ml
Acetylaceton (II)	2,00 ml	2,00 ml	2,00 ml	2,00 ml
Probelösung (IV)	0,10 ml	0,20 ml	0,30 ml	0,40 ml

Inhalt der Reagenzgläser gut mischen und aus jedem 2,50 ml in ein anderes Reagenzglas pipettieren und mit 0,02 ml Cholesterin-Oxidase (III) versetzen. Alle Reagenzgläser verschließen und 60 min im Wasserbad bei 37 °C inkubieren. Nach dem Abkühlen auf Zimmertemperatur (stehen lassen) wird der Inhalt in Küvetten umgefüllt. Die mit Enzym versetzten Proben werden gegen die ohne Enzym gemessen.

Gehaltsbestimmung nach Abschn. 2.2.7.1.2.

Extinktionskoeffizient von Lutidin bei 405 nm = $7,4 \cdot 10^6$ [cm²/Mol]

Molekulargewicht des Cholesterin = 386,64

Meßlösung = 5,4 ml; Verdünnungsfaktor = 2,52/2,50 = 1,008.

Ergebnis: Die Extinktionen verhalten sich wie 1 : 2 : 3 : 4. Sollte das Ergebnis nicht erreicht werden, Aufgabe mit längerer Inkubationszeit wiederholen.

2.5.13. Bestimmung von Acetat (vorgeschaltete Indikatorreaktion)

Prinzip: Bei der Acetat-Bestimmung macht man sich einige Reaktionsschritte des Citratzyklus zunutze. Zunächst wird das

Acetat in Gegenwart von ATP und Coenzym A (CoA) mit Hilfe des Enzyms Acetyl-CoA-Synthetase (ACS) zu Acetyl-CoA umgesetzt. Dieses reagiert mit Oxalacetat in Gegenwart der Citrat-Synthase (CS) zu Citrat. Das instabile Oxalacetat wird durch die MDH-katalysierte Reaktion aus Malat gebildet, wobei NAD zu NADH reduziert wird, welches gemessen werden kann.

1. Acetat $+$ ATP $+$ CoA $\xrightarrow{ACS}$ Acetyl-CoA $+$ AMP $+$ Pyrophosphat

2. Acetyl-CoA $+$ Oxalacetat $+$ H$_2$O $\xrightleftharpoons{CS}$ Citrat $+$ CoA

3. Malat $+$ NAD$^+$ $\xrightleftharpoons{MDH}$ Oxalacetat $+$ NADH $+$ H$^+$.

Bei der 3. (eigentlich „vorgeschalteten") Reaktion, die aufgrund der Meßbarkeit des NADH gleichzeitig Indikatorreaktion ist, liegt das Gleichgewicht auf der linken Seite. In dem Maße, wie Oxalacetat durch den Umsatz von Acetat verbraucht wird, verschiebt sich jedoch das Gleichgewicht nach rechts.

Die Summenformel

4. Acetat $+$ ATP $+$ Malat $+$ NAD$^+$ $\rightarrow$

Citrat $+$ AMP $+$ PP $+$ NADH $+$ H$^+$

täuscht eine der umgesetzten Acetat-Menge linear proportionale Extinktionszunahme von NADH vor. Der Verbrauch an Oxalacetat ist zwar dem Acetat-Umsatz äquivalent, nicht jedoch linear proportional der NADH-Zunahme, denn diese wird nach dem Massenwirkungsgesetz auch aus der Nachstellung des Gleichgewichts von Reaktion 3. infolge des Verbrauchs von Oxalacetat beeinflußt, d. h. man mißt etwas zu niedrige Werte. Zur Berechnung des ΔE_{Acetat} wird also die unten angegebene Formel herangezogen (vgl. *Bergmeyer*).

Reagenzien:

I. 0,4 M Triäthanolamin/30 mM Malat/9 mM Mg^{2+}-Puffer, pH 8,4: 7,5 g Triäthanolamin-Hydrochlorid, 420 mg Äpfelsäure und 210 mg MgCl$_2$ · 6H$_2$O mit 70 ml bidest. Wasser lösen, mit ca. 21 ml 2 N KOH auf pH 8,4 bringen und mit bidest. Wasser auf 100 ml auffüllen. Der Puffer ist bei 4 °C mind. 1 Monat haltbar.

II. 15 mM NAD/2,8 mM CoA – Lösung: 120 mg β-NAD, Reinheitsgrad II (89 %) und 25 mg CoA, Reinheitsgrad II (85 %), lyophilisierte frei Säure, mit 10 ml bidest. Wasser lösen. Die Lösung ist bei 4 °C mindestens 1 Woche haltbar.

III. 81 mM ATP-Lösung: s. Abschn. 2.5.8.
IV. MDH/CS – Suspension, 3000/550 U/ml: 0,5 ml einer Suspension von 5 mg MDH aus Schweineherz in 1 ml 3,2 M Ammoniumsulfatlösung und 0,5 ml einer Suspension von 10 mg CS aus Schweineherz in 1 ml 3,2 M Ammoniumsulfatlösung mischen. Die Suspension ist bei 4 °C mindestens 1 Jahr haltbar.
V. ACS-Suspension, 30 U/ml: 20 mg ACS aus Hefe Lyophilisat, entspr. 5 mg Enzymprotein (3 U/mg) mit Kaliumphosphat, Saccharose und GSH stabilisiert, werden in 0,5 ml einer 1 M Ammoniumsulfatlösung, die mit KOH auf pH 7,3 eingestellt wurde, gelöst. Diese Lösung ist bei 4 °C mindestens 2 Wochen haltbar.
IV. Acetat-Lösung: 27,2 mg $CH_3COONa \cdot 3H_2O$ mit bidest. Wasser zu 100,0 ml lösen. Lösung vor Gebrauch frisch bereiten.

Durchführung:

In Küvetten pipettieren	Leerwert	Probe
Puffer (I)	1,00 ml	1,00 ml
NAD/CoA (II)	0,20 ml	0,20 ml
ATP (III)	0,10 ml	0,10 ml
Wasser	1,50 ml	1,40 ml
Probe (VI)	–	0,10 ml

mischen, Extinktionen der Lösungen gegen Luft messen (E_0), Zugabe von

MDH/CS (IV)	0,02 ml	0,02 ml

mischen, nach ca. 2 min Extinktionen ablesen (E_1), Reaktion starten durch Zugabe von

ACS (V)	0,01 ml	0,01 ml

mischen, Stillstand der Reaktion abwarten und Extinktionen messen (E_2), gegebenenfalls „*Schleich*" in Abständen von 2 min messen.
Auswertung und Gehaltsbestimmung nach Abschn. 2.2.7.1.3. bzw. 2.2.7.1.2.

Extinktionskoeffizienten s. Abschn. 2.5.3.
Molekulargewicht der Essigsäure = 60,06

$$\varDelta E_{Acetat} = \left[(E_2 - E_0)_{Probe} - \frac{(E_1 - E_0)^2{}_{Probe}}{(E_2 - E_0)_{Probe}} \right] - \left[\begin{array}{l} \text{gleicher Ausdruck} \\ \text{für Leerwert} \end{array} \right]$$

Ergebnis: Der Essigsäuregehalt der eingewogenen Substanz beträgt 44–45 %.

2.6. Vorbereitung von Lebensmittelproben

Aufgrund der hohen Spezifität der Enzyme lassen sich Lebensmittelinhaltsstoffe auch in komplexen Gemischen meist störungsfrei bestimmen, so daß sich eine Probenaufbereitung, d. h. ein Isolieren der zu bestimmenden Substanz oder ein Entfernen chemisch ähnlicher Verbindungen in der Regel erübrigt. Der enzymatischen Analyse geht lediglich eine Probenvorbereitung voraus mit dem Ziel, die in der Probe zu bestimmende Substanz in Lösung zu bringen, wobei die Lösung selbst nicht absolut klar sein muß. Eine gewisse Opaleszenz wird während der Analyse üblicherweise dadurch eliminiert, daß die Probe in der zu messenden Lösung nur noch in einer Verdünnung von 1 : 30 vorliegt.

Flüssige Proben müssen evtl. filtriert oder zentrifugiert, ggf. auch verdünnt werden.

Bei festen Proben besteht der wichtigste Schritt darin, diese zu homogenisieren, damit aus einer kleinen Menge (1–2 g) mit der nötigen Repräsentanz eine Probelösung (z. B. 100 ml) hergestellt werden kann.

Im allgemeinen werden feste oder halbfeste Proben im Mixer, Fleischwolf oder Mörser zerkleinert, mit Wasser, evtl. heiß, extrahiert bzw. gelöst und ggf. zentrifugiert oder filtriert.

Fetthaltige Proben werden mit warmem Wasser extrahiert, abgekühlt, im Meßkolben auf ein bestimmtes Volumen aufgefüllt, zur Abscheidung des Fettes in den Kühlschrank gestellt und filtriert.

Proteinhaltige Probelösungen werden im Verhältnis 1 : 1 mit 1 N Perchlorsäure versetzt und zentrifugiert. Ein aliquoter Teil der überstehenden Lösung wird mit 2 N KOH neutralisiert, im Meßkolben auf ein bestimmtes Volumen aufgefüllt, zur Abscheidung des $KClO_4$ in den Kühlschrank gestellt und filtriert.

Modifizierungen dieser allgemeinen Hinweise zur Probenvorbereitung finden sich in den meisten auf bestimmte Lebensmittel zugeschnittenen Arbeitsvorschriften.

2.7. Literaturverzeichnis und weiterführende Literatur

Boehringer Mannheim GmbH, Methoden der enzymatischen Lebensmittelanalytik 75/76 (Firmenschrift).

Barman, Th. E., Enzyme Handbook (Berlin – Heidelberg – New York 1970).

Bergmeyer, H. U., Methoden der enzymatischen Analyse (Weinheim 1974).

Buddecke, E., Grundriß der Biochemie (Berlin – New York 1973).

Gschwend, G., Enzymatische Lebensmittelanalytik. Boehringer Mannheim 1975.

Mattenheimer, H., Die Theorie des enzymatischen Tests. Boehringer Mannheim 1971.

Myrbäck, K., Enzyme. In *J. Schormüller:* Handbuch der Lebensmittelchemie, Bd. I (Berlin – Heidelberg – New York 1965).

Sommer, H., Enzyme. Nachweis und Kennzeichnung von Enzymwirkungen. In *J. Schormüller:* Handbuch der Lebensmittelchemie. Bd. II/2 (Berlin – Heidelberg – New York 1967).

Literatur

Adams, R. N., Electrochemistry at solid electrodes (New York 1969).
Allen, R. C., H. R. Maurer, Electrophoresis and isoelectric focusing in polyacrylamide gel (Berlin 1974).
Anders, U., G. Hailer, Dtsch. Lebensmittel-Rdsch. **71**, 208 (1975).
Anfalt, T., D. Jagner, Anal. chim. Acta **66**, 152 (1973).
Association of Official Analytical Chemists, Official methods of the Association of Official Analytical Chemists (Washington 1975).
Arneth, W., B. Herold, Dtsch. Lebensmittel-Rdsch. **70**, 175 (1974).
Ashworth, M. R. F., W. Walisch, W. Becker, F. Stutz: Z. Anal. Chem. **273**, 275 (1975).
Atuma, S. S., J. Lindquist, K. Lundström, Analyst **99**, 683 (1974).
Atuma, S. S., J. Sci. Food Agric. **26**, 393 (1975).
Batley, G. E., T. M. Florence, Electroanal. Chem. Interfac. Electrochem. **61**, 205 (1975).
Baumann, E. W., Anal. Chem. **46**, 1345 (1974).
Belitz, H.-D., Elektrophorese. In *J. Schormüller:* Handbuch der Lebensmittelchemie. Bd. II/1 (Berlin – Heidelberg – New York 1965).
Ben-Bassat, A. H. I., J. M. Blindermann, A. Salomon, E. Wakshal, Anal. Chem. **47**, 534 (1975).
Berge, H., H. D. Bormann, P. Gründler, P. Jeroschewski, Elektroanalytische Methoden. Grundlagen und Zusammenhänge (Leipzig 1974).
Berndt, D., pH-Messung. In *J. Schormüller,* Handbuch der Lebensmittelchemie. Bd. II/1 (Berlin – Heidelberg – New York 1965).
Bietz, J. A., J. S. Wall, Cereal Chem. **49**, 416 (1972).
Binder, A., S. Ebel, M. Kaal, T. Thron, Dtsch. Lebensmittel-Rdsch. **71**, 246 (1975).
Birch, B. J., D. E. Clarke, Anal. chim. Acta **67**, 387 (1973).
Blades, M. W., J. A. Dalziel, C. M. Elson, J. Assoc. Off. Anal. Chem. **59**, 1234 (1976).
Blutstein, H., A. M. Bond, Anal. Chem. **48**, 759 (1976).
Bosset, J. O., B. Blanc, E. Plattner, Anal. chim. Acta **68**, 161 (1974).
Boström, C. A., A. Cedergren, G. Johansson, I. Pettersson, Talanta **21**, 1123 (1974).
Brammell, W. S., J. Assoc. Off. Anal. Chem. **57**, 1209 (1974).
Brdicka, R., Grundlagen der physikalischen Chemie (Berlin 1971).
Cammann, K., Das Arbeiten mit ionenselektiven Elektroden (Berlin – Heidelberg – New York 1973).
Chang, P., W. D. Powrie, O. Fennema, J. Food Sci. **35**, 774 (1970).
Christian, G. D., P. D. Jung, J. Assoc. Off. Anal. Chem. **49**, 865 (1966).
Clotten, R., A. Clotten, Hochspannungselektrophorese (Stuttgart 1962).
Collet, P., Dtsch. Lebensmittel-Rdsch. **71**, 249 (1975).
Cospito, M., Z. Anal. Chem. **271**, 200 (1974).

Daniel, R., J.-P. Marion, R. Viani, D. Reymond, Mitt. Gebiete Lebensm. Hyg. 60, 397 (1969).

Davidek, J., J. Velisek, A. M. B. Domah, Z. Lebensmittel-Untersuchg. u. Forschg. 154, 18 (1974).

De Clercq, H. L., J. Mertens, D. L. Massart, J. Agric. Food Chem. 22, 153 (1974).

Delincée, H., E. Becker, B. J. Radola, Chem. Mikrobiol. Technol. Lebensmittel 4, 120 (1975).

Diemair, W., J. Koch, D. Hess, Z. Anal. Chem. 178, 330 (1961).

Diemair, W., K. Pfeilsticker, Polarographie. In *J. Schormüller*, Handbuch der Lebensmittelchemie. Bd. II/1 (Berlin – Heidelberg – New York 1965).

Donner-Maack, R., H. Lück, Fette, Seifen, Anstrichmittel 71, 652 (1969).

Drawert, F., A. Görg, Chromatographia 5, 268 (1972).

Drawert, F., A. Görg, Z. Lebensmittel-Untersuch. u. Forschg. 154, 328 (1974).

Dungen, P. W. C. M. v. d., Z. Lebensmittel-Untersuch. u. Forschg. 161, 61 (1976).

Ebel, S., W. Parzefall, Experimentelle Einführung in die Potentiometrie (Weinheim 1975).

Ebel, S., S. Kalb, Z. Anal. Chem. 278, 109 (1976).

Eberius, E., Wasserbestimmung mit Karl-Fischer-Lösung (Weinheim 1958).

Ebermann, R., J. Barna, F. Prillinger, Mitt. Klosterneuburg 22, 414 (1972).

Eipeson, W. E., K. Paulus, Lebensmittel-Wiss. u. Technol. 7, 47 (1974).

Everaerts, F. M., Ph. P. E. M. Verheggen, J. Chromatog. 91, 837 (1974).

Feillet, P., K. Kobrehel, Dt. Lebensmittel-Rdsch. 68, 292 (1972).

Fiedler, U., J. Amer. Oil Chem. Soc. 51, 101 (1974).

Fiorino, J. A., R. A. Moffitt, A. L. Woodson, R. J. Gajan, G. E. Huskey, R. G. Scholz, J. Assoc. Off. Anal. Chem. 56, 1246 (1973).

Fischer, K. H., H.-D. Belitz, Z. Lebensmittel-Untersuch. u. Forschg. 145, 271 (1971).

Försterling, H.-D., H. Kuhn, Physikalische Chemie in Experimenten. (Weinheim 1971).

Fresenius, W., W. Schneider, G. Thielicke, Heilbad u. Kurort 1974, 378, ref. Z. Anal. Chem. 275, 60 (1975).

Fücker, K., R. A. Meyer, H.-P. Pietsch, Nahrung 18, 663 (1974).

Fujinaga, T., S. Okazaki, H. Freiser, Anal. Chem. 46, 1842 (1974).

Graf, J. E., T. E. Vaughn, W. H. Kipp, J. Assoc. Off. Anal. Chem. 59, 53 (1976).

Hadorn, H., K. Zürcher, Dt. Lebensmittel-Rdsch. 70, 57 (1974).

Hazemoto, N., N. Kamo, Y. Kobatake, J. Assoc. Off. Anal. Chem. 57, 1205 (1974).

Heimann, W., K. Wisser, Redox-Potential. In *J. Schormüller*, Handbuch der Lebensmittelchemie. Bd. II/1 (Berlin – Heidelberg – New York 1965).

Hellhammer, D., O. Högl, Mitt. Gebiete Lebensm. Hyg. **49**, 79 (1958).

Heyrovsky, J., J. Kuta, Grundlagen der Polarographie (Berlin 1965).

Hofmann, K., Z. Anal. Chem. **250**, 256 (1970).

Hofmann, K., Z. Lebensmittel-Untersuch. u. Forschg. **147**, 68 (1971), **156**, 139 (1974).

Hofmann, K., R. Hamm, Z. Lebensmittel-Untersuchg. u. Forschg. **159**, 205 (1975).

Holak, W., J. Assoc. Off. Anal. Chem. **58**, 777 (1975), **59**, 650 (1976).

Jacin, H., Stärke **25**, 271 (1973).

Jander, G., K. F. Jahr, H. Knoll, Maßanalyse (Berlin 1969).

Kaiser, K.-P., L. C. Bruhn, H.-D. Belitz, Z. Lebensmittel-Untersuchg. u. Forschg. **154**, 339 (1974).

Kalman, L., Z. Hydrol. **31**, 141 (1969).

Kapel, M., J. C. Fry, Analyst **99**, 608 (1974).

Karlberg, B., Talanta **22**, 1023 (1975).

Karlsson, R., L. G. Torstensson, Talanta **21**, 957 (1974), ibid. 945 (1974 a).

Karlsson, R., Talanta **22**, 989 (1975).

Kiermeier, F., E. Lechner, Milch und Milcherzeugnisse (Hamburg 1973).

Kirchmeier, O., Z. Lebensmittel-Untersuch. u. Forsch. **157**, 205 (1975).

Koehler, H. H., J. Agric. Food Chem. **22**, 288 (1974).

Kohn, R. M., Fette, Seifen, Anstrichmittel **72**, 895 (1970).

Koning, P. J. de, P. J. van Rooijen, Milchwiss. **26**, 1 (1971).

Kortüm, G., Lehrbuch der Elektrochemie (Weinheim 1972).

Kraft, G., J. Fischer, Indikation von Titrationen (Berlin 1972).

Krämer, R., H. Lagoni, Milchwiss. **24**, 68 (1969).

Künbauch, W., A. Wünsch, Z. Lebensmittel-Untersuchg. u. Forschg. **146**, 9 (1971).

Lakshminarayanaiah, N., Membrane Electrodes (New York – London 1976).

Lindquist, J., Analyst **100**, 349 (1975).

Lindquist, J., S. M. Farroha, Analyst **100**, 377 (1975).

Linhart, K., Dtsch. Lebensmittel-Rdsch. **71**, 417 (1975).

Llenado, R. A., G. A. Rechnitz, Anal. Chem. **43**, 1457 (1971).

Lotz, R., C. Herrmann, P. Weigert, Arch. Lebensmittelhyg. **24**, 47 (1973).

Malissa, H., J. Rendl, Z. Anal. Chem. **273**, 117 (1975).

McBride, H. D., D. H. Evans, Anal. Chem. **45**, 446 (1973).

McNerney, F. G., J. Assoc. Off. Anal. Chem. **57**, 1159 (1974).

Malkus, Z., Nahrung **18**, 323 (1974).

Mascini, M., A. Lucci, A. Ferramondo, Mitt. Gebiete Lebensm. Hyg. **65**, 221 (1974).

Maurer, H. R., Disc Electrophoresis (Berlin – New York 1971, dtsch. Ausg. 1968).

153

Mofidi, J., M. B. Tonkaboni, F. Davoudzadeh, J. Food Sci. **41**, 471 (1976).

Moody, G. J., J. D. R. Thomas, J. Sci. Food Agric. **27**, 43 (1976).

Mrowetz, G., H. Klostermeyer, Z. Lebensmittel-Unters. u. Forschg. **149**, 74 (1972), **153**, 348 (1973).

Mrowetz, G., J. Thomasow, Milchwiss. **29**, 74 (1974).

Nagy, G., L. H. v. Storp, G. G. Guilbault, Anal. chim. Acta, **66**, 443 (1973).

Neeb, R., Inverse Polarographie und Voltammetrie (Weinheim 1969).

Ney, K.H., Gordian **74**, 168 (1974).

Nitsche, G., H.-D. Belitz, Z. Lebensmittel-Untersuchg. u. Forschg. **161**, 273 (1976).

Oelschläger, H., J. Volke, G. T. Lim, Arzneimittel-Forschg. **17**, 637 (1967).

Padmoyo, M., A. Miserez, Mitt. Gebiete Lebensm. Hyg. **56**, 110 (1965).

Peterson, R. F., J. Agric. Food Chem. **19**, 595 (1971).

Pfeiffer, S .L., J. Smith, J. Assoc. Off. Anal. Chem. **58**, 915 (1975).

Radola, B. J., O. H. K. Richter, Chem. Mikrobiol. Technol. Lebensmittel **2**, 41 (1972).

Rangarajan, R., G. A. Rechnitz, Anal. Chem. **47**, 324 (1975).

Rauscher, K., R. Engst, U. Freimuth, Untersuchung von Lebensmitteln (Leipzig 1972).

Righetti, P. G., Isoelectric focusing (Amsterdam 1976).

Ryser, P., Mitt. Gebiete Lebensm. Hyg. **67**, 56 (1976).

Sauer, Z., G. Baron, Brauwiss. **26**, 65 (1973).

Schäfer, W., Wasserbestimmung. In *J. Schormüller*, Handbuch der Lebensmittelchemie. Bd. II/2 (Berlin – Heidelberg – New York 1967).

Scheuermann, E. A., Ernährungswirtsch. **18**, 111 (1971).

Schick, A. L., J. Assoc. Off. Anal. Chem. **56**, 798 (1973).

Schneider, F., Rübenzucker und Rohrzucker. In *J. Schormüller*, Handbuch der Lebensmittelchemie. Bd. V/1 (Berlin – Heidelberg – New York 1967).

Schormüller, J., Handbuch der Lebensmittelchemie. Bd. II/1 (Berlin – Heidelberg – New York 1965).

Schulze, W., Allgemeine und physikalische Chemie (Berlin 1961).

Selmer-Olsen, A. R., A. Øien, Analyst **98**, 412 (1973).

Sherken, St., J. Assoc. Off. Anal. Chem. **59**, 971 (1976).

Siska, E., Dtsch. Lebensmittel-Rdsch. **70**, 356 (1974), **71**, 209 (1975).

Slevogt, K. E., Konduktometrie und Dielektrometrie. In *J. Schormüller*, Handbuch der Lebensmittelchemie. Bd. II/1 (Berlin – Heidelberg – New York 1965).

Sloan, C. H., G. P. Morie, Anal. chim. Acta **69**, 243 (1974).

Smyth, W. F., P. Watkiss, J. S. Burmiez, H. O. Hanley, Anal. chim. Acta **78**, 81 (1975).

Söderhjelm, P., J. Lindquist, Analyst **100**, 349 (1975).

Spell, E., Fleischwirtsch. **54**, 533 (1974).

Srikanta, S., M. S. Narasinga Rao, J. Agric. Food Chem. **22**, 667 (1974).

Stegemann, H., Z. Anal. Chem. **252**, 165 (1970).

Stein, E. R., H. E. Brown, J. Agric. Food Chem. **23**, 526 (1975).

Strahlmann, B., Elektrische Methoden. In Schweizerisches Lebensmittel-buch Bd. I (Bern 1964).

Strohecker, R., H. M. Henning, Vitamin-Bestimmungen (Weinheim 1963).

Sültemeier, J., Mitt.-Bl. GDCh Fachgr. Lebensmittelchem. **29**, 211 (1975).

Taira, A. Y., J. Assoc. Off. Anal. Chem. **57**, 910 (1974).

Ten Hoopen, H. J. G., J. Inst. Brewing London **79**, 29 (1973).

Trop, M., S. Grossman, J. Assoc. Off. Analy. Chem. **55**, 1191 (1972).

Tschawadarowa, R., E. R. Schmid, R. R. Becker, Mikrochim. Acta **1975**, 443.

Voogt, P., Dtsch. Lebensmittel-Rdsch. **65**, 196 (1969).

Weil, L., N. Torkzadeh, K.-E. Quentin, Z. Wasser- u. Abwasser-Forschg. **8**, 3 (1975).

Windemann, H., U. Müller, E. Baumgartner, Z. Lebensmittel-Untersuchg. u. Forschg. **133**, 17 (1973).

Woggon, H., W. Schnaak, Z. Anal. Chem. **208**, 247 (1965).

Woggon, H., D. Jehle, Nahrung **19**, 271 (1975).

Wunderly, Ch., Die Hochspannungselektrophorese (Aarau 1959).

Sachverzeichnis

UTB

Uni-Taschenbücher GmbH Stuttgart

Biochemie der Ernährung

Von Prof. Dr. Dr. *Konrad Lang* (Bad Krozingen)
3. Auflage. XV, 682 Seiten, 95 Abb., 302 Tab. Studienausg. DM 126.–

Inhalt:

DR. DIETRICH STEINKOPFF VERLAG · DARMSTADT

Grundzüge der Lebensmittelchemie

Von Prof. Dr. *Werner Heimann* (Karlsruhe)

3. Auflage. XXVII, 622 Seiten, 23 Abb., 43 Tab. DM 48.–

Inhalt:

Einleitung

Grundzüge der Ernährungslehre

Bestandteile der Lebensmittel:

Eiweißstoffe – Fette und Fettbegleitstoffe (Lipide) – Kohlenhydrate – Mineralstoffe und Spurenelemente – Vitamine – Enzyme

Nährstoffbedarf

Nährstoffgehalt der Lebensmittel

Verdauung der Nahrung

Verhalten der Lebensmittel bei der Vor- und Zubereitung

Haltbarmachung der Lebensmittel:

Physikalische Verfahren – Haltbarmachung durch Zubereitungsverfahren – Chemische Zusatzstoffe in der Lebensmittelkonservierung

Die einzelnen Lebensmittel

Nahrungsmittel:

Fleisch – Fleischextrakt, Brüherzeugnisse, Würzen, Suppen, Soßen Fische, Fischwaren, Krusten- und Schaltiere – Eier und Eikonserven – Milch und Milcherzeugnisse – Käse, Schmelzkäse und Käsezubereitungen – Speisefette und Speiseöle – Getreide und Getreide-Erzeugnisse – Hülsenfrüchte – Gemüse, Salate, Pilze, Gemüsedauerwaren, Kartoffeln und andere Knollen – Obst, Obstdauerwaren und Obsterzeugnisse – Honig – Zucker und Zuckerwaren

Genußmittel:

Süßstoffe – Alkoholische Getränke – Gewürze und Würzmittel – Alkaloidhaltige Genußmittel (Kaffee, Tee, Maté, Kola, Kakao und Schokolade, Tabak)

Wasser

Bedarfsgegenstände

Die amtliche Überwachung des Lebensmittelverkehrs

DR. DIETRICH STEINKOPFF VERLAG · DARMSTADT

Grundlagen der Lebensmittelmikrobiologie

Von Doz. Dr. *Günther Müller* (Berlin)

3. Auflage. 260 Seiten, 60 Abb., 24 Tab. Ca. DM 32.–

Inhalt:

Allgemeine Mikrobiologie

Wichtigste Mikroorganismengruppen: Bakterien, Pilze, Viren –
Physiologie und Biochemie der Mikroorganismen: Ernährung der
Mikroorganismen, Chemische Bestandteile der Zelle, Stoffwechsel
der Mikroorganismen

Verfahrensgrundlagen zur Erhaltung von Lebensmitteln

Allgemeine Grundlagen für die Bearbeitung und Verarbeitung
von Lebensmitteln zu haltbaren Fertigprodukten – Anwendung
hoher Temperaturen – Anwendung tiefer Temperaturen – Wasserentzug (Trocknung) – Strahlenbehandlung – Chemische Konservierung

Mikrobiologie pflanzlicher Lebensmittel

Von Doz. Dr. *Günther Müller* (Berlin)

324 Seiten, 83 Abb., 4 Farbtafeln, 39 Tab. DM 42.–

Inhalt:

*Obst und Obsterzeugnisse – Gemüse und Gemüseerzeugnisse –
Kartoffeln – Speisepilze – Zucker, Süßwaren, Honig – Getreide,
Mehl, Backwaren, Stärke – Fette, Öle und fettreiche Lebensmittel –
Gewürze – Trinkwasser – Alkoholfreie Erfrischungsgetränke – Alkoholische Getränke – Kaffee, Tee, Kakao, Tabak – Nutzung von
Mikroorganismen zur Gewinnung von organischen Säuren, Fetten,
Aminosäuren und Proteinen, Enzymen und Vitaminen – Gewinnung und Verwertung von Algen und Algenprodukten für Nahrungs- und Futterzwecke*

Mikrobiologie tierischer Lebensmittel

Von Doz. Dr. *Günther Müller* (Berlin)

In Vorbereitung.

DR. DIETRICH STEINKOPFF VERLAG · DARMSTADT